故事，赢了那些爱恨情仇

才显得 精彩绝伦。

最爱你的 情绪，让它自由。

情绪自由

Emotional freedom

走出
职场情绪困境的
6个认知习惯

卢文建 / 彭振桓 著

台海出版社

图书在版编目（CIP）数据

情绪自由 / 卢文建，彭振桓著. — 北京：台海出版社，2021.3
ISBN 978-7-5168-2883-0

Ⅰ. ①情… Ⅱ. ①卢… ②彭… Ⅲ. ①情绪－自我控
制－通俗读物 Ⅳ. ①B842.6-49

中国版本图书馆CIP数据核字（2021）第028852号

情绪自由

著　　者：卢文建　彭振桓

出 版 人：蔡　旭　　　　　　　　封面设计：刘　哲
责任编辑：俞滟荣

出版发行：台海出版社
地　　址：北京市东城区景山东街20号　　邮政编码：100009
电　　话：010-64041652（发行，邮购）
传　　真：010-84045799（总编室）
网　　址：www.taimeng.org.cn/thcbs/default.htm
E - mail：thcbs@126.com

经　　销：全国各地新华书店
印　　刷：北京美图印务有限公司
本书如有破损、缺页、装订错误，请与本社联系调换
开　　本：880毫米×1230毫米　　　　1/32
字　　数：150千字　　　　　　　　　印　张：7.5
版　　次：2021年3月第1版　　　　　印　次：2021年3月第1次印刷
书　　号：ISBN 978-7-5168-2883-0

定价：45.00元

目 录

第一章

认知：调整逆境中的行为和情绪响应

你对情绪的认知，决定了你的生活高度 / 003

01 事情不会让一个人崩溃，但情绪会 / 005

02 情绪发自内心，但你知道"心"在哪里吗？ / 008

03 让你与众不同的3个认知升级 / 011

第二章

情绪：别让情绪掌控你的人生

情绪一片空白，人生就会一片空白　/ 035

01　为什么别人有自信心，而我就没有？　/ 048

02　这一届年轻人为何如此慌张　/ 058

03　给我一个焦虑杠杆，托起整个职业生涯　/ 065

04　应对焦虑的 4 个简单方法　/ 085

05　这虚荣心总是作怪　/ 093

06　三十岁前，请戒掉你的完美主义　/ 096

07　不要成为一个固执的人　/ 098

08　凡事想想为什么，如果不做会怎样？　/ 105

09　维系好你的职场情绪　/ 109

第三章

语言：情商高，就是会说话

会说话，会听话　/ 121

01　为什么你说的话别人听不懂　/ 122

02　让对方把话说完　/ 127

03　不懂讨价还价，要么累死，要么出局　/ 130

04　不怕下属天天闹，就怕领导开玩笑　/ 134

05　你永远叫不醒装睡的人　/ 136

06　读出什么是真为难，什么是婉拒　/ 138

07　说话的关联原则　/ 140

08　职场语言使用案例　/ 148

第四章

行为：向前一步，滚动你人生的雪球

把事情做对，而非和自己作对 / 159

01 行为背后，自有其道理 / 167

02 高效的职场行为让你快速晋升 / 171

03 独当一面时，如何"做主" / 173

04 为什么有些领导只有权力，没有领导力 / 176

第五章

关系：在办公室里做出最佳选择

朋友、路人还是仇敌？需求说了算　/ 191

01　爱要坦坦荡荡还是偷偷摸摸　/ 195

02　好领导，也是凡人：机会是自己找来的　/ 198

03　如何处理好办公室人际关系　/ 202

04　距离感，才是职场相处之道　/ 210

05　你不够优秀，认识谁都没用　/ 218

第六章

策略：如何管理个人战略

01 猝不及防的"黑天鹅" / 221

02 失误之后的危机处理 / 227

03 职场，不是工于心计，而是向上生长 / 228

第一章

认知：调整逆境中的行为和情绪响应

| 你对情绪的认知，决定了你的生活高度 |

工作有时候是简单的，但职场永远不简单。

有的人是为了爱好而工作，有的人是为了收入而工作，有的人是为了某种使命而工作，而有的人只是觉得这份工作能够发挥自己的长处。不论哪一种情况占主导，你都需要面对职场。既然是一个"场子"，就说明了两个问题：

第一，在这个"场子"里，有多个人共同工作。

社会发展到如今，分工是越发细致了，有人专门生产螺丝，有人专门采购螺母，还有人专门研究怎么把螺丝和螺母拧到一起去……人多了固然热闹，但有时候也会坏事。"人多力量大"的道理虽然没错，可这力量能有多大，还是要看具体情况。更重要的是，不能让这个力量伤到你。毕竟人多也意味着你要和不同性格、不同角色的人打交道。

有多少个人，就有多少种思想。人多了，事情就复杂了，做事的难度自然加大，虽然如此，但你总不能永远只躲在自己的格子间里。

第二，你们会相互影响。

关于这种相互影响，在物理领域，科学家们早就针对"场"给出了结论，你会对这个"场"产生影响，这个"场"也会给你施加某种影响。这种感觉就像涟漪一样，我们每个人都是一艘船，水面的某个地方激起的波纹，会影响到我们每一艘船，而你的起起伏伏，也会影响到其他人。而且这种影响会形成一条漫长的"故事线"，至于是悲剧还是喜剧，就要看每个人的"修为"了。

所谓的"职场心理"，并非单纯的心理学研究，更包括自我认知、情绪管理、语言分析、行为指导、角色调用、应激处理，等等……虽然看似复杂，但最终的目的只有一个——就是让你工作顺利、舒服。

‹01›

事情不会让一个人崩溃，但情绪会

先说两件事：

第一件事，2019年的3月底，在浙江杭州文一路文菁路口，有一个小伙子骑单车逆行。被交警拦下后，他给女朋友打电话说："我逆行骑车被抓了，现在走不了，你在那儿等我吧。"这个电话打完，他就崩溃了。

摔手机、下跪、痛哭、狂奔，甚至有轻生的行为……整个过程他没有说出一句脏话，满口都是"对不起""我压力好大""大家还在等我加班"，这个压抑至死都遵守礼貌的小伙子，这个背负无数压力和委屈一直无法吐露的职场年轻人，用一次歇斯底里的崩溃，看哭了无数身处职场的网友。

我们动容的原因，大概是某种程度的自我映射。一位网友这样评论："像极了无数个懂事到连哭都要在无人的夜晚里捂住嘴巴怕人听见的你我。"

第二件事在南京新街口地铁站，晚上10点多，一位醉酒的西装革履的男子一直趴在地上不起，身边到处都是呕吐物，路过的人帮忙叫了警察。警察过来后，该男子意识还保持着清醒，他告诉警察自己已经叫了妻子，很快会来接他，过程中还不断向警察道歉："对不起，打扰你们了。"

在后续聊天中得知：这位男子今年只有25岁，外地人，初入职场打拼。虽然他很不喜欢应酬，但由于自己是做销售的，为了让客户签单，还是只能陪他们喝酒。等他的妻子来到后，暖心地抱着男子在地上安慰他。

这时候，男子说出了一句很多男人最不肯说出的一句话：

"我感觉自己，真的没用。"

在这个职场里，其实有太多这样"努力而伤心的人"。

在悲伤怜悯之余，我们不妨扪心自问——难道我们自己的职场，就那么轻松顺利么？相信有相当一部分的答案会是否定的，因为职场本来就是残酷的。有时候，甚至会让人感觉自己在原始丛林里搏杀。如果你肯卸掉那些温柔的表面现象，从客观的角度审视一番的话，你就会发现，职场就是一个"动物世界"。

‹02›

情绪发自内心，
但你知道"心"在哪里吗？

《三国演义》中，诸葛亮即将南征蛮王孟获，在和前来犒军的马谡聊天时，当时脑子还很清醒的马谡给诸葛亮说了一句话：

"夫用兵之道，攻心为上，攻城为下；心战为上，兵战为下。愿丞相但服其心是矣。"

这句源自于《孙子兵法》的至理名言，最终帮助诸葛亮彻底搞定了南方问题，被诸葛丞相"心理征服"的孟获及其部下，从此再也没有给蜀国制造麻烦，没有了后顾之忧的蜀国，才可以放心地对北方曹魏用兵。

　　思维决定行为，人心稳固才是最根本的踏实，战场上是这个道理，职场上也一样。所以，决定你的未来的不是那些厚厚的技术指导资料，也不是连篇累牍的合同和法律章程，更不是纸上来回变动的统计数据，虽然这些也很重要，但都是表面化、结论化的东西，真正的"控场因素"，是职场心理。那些在职场上会做事的人，首先是"攻心"的高手。

　　那么，职场心理学又是什么呢？它是不是那种非常复杂艰深的科学体系？或者说仅仅只是个欺骗职场新人的"伪科学名词"？

　　在我看来，都不是。关于职场心理学，一直以来都有着诸多争议和含糊不清的术语，这些现象的存在，既无法改变职场心理学客观存在的事实，也对期待职场心理学拯救的人士毫无意义。虽然我们没有办法重新定义职场，但是我们可以重新定义心理学。

　　职场心理学源自心理学，但又和纯粹的心理学有很大的不同。作为长期研究和关注心理学的人，我们必须承认：目前的心理学流派众多，也有关于脑科学的很多基础分支，虽然有大量的科学化推理结论，但还远没有达到类似于数学物理化学那样的统一化程度，甚至很多现象的结论，尚处于"半梦半醒"的朦胧状态。

那么，涉及众多领域的职场心理学，到底是不是科学？甚至有人说职场心理学就是玄学，对于这一点，我们应该如何看待呢？

科学是已经明确的结论，玄学是未解之谜。随着人认知的不断深入，很多玄学会被证实或推翻，所以两者不是隔绝的，是可以相互转化的。眼前重要的事情，并非花大精力去争论谁是谁非，就像当年的胡适先生在问题与主义之争中说的那样，"少谈些主义，多谈些实事"。

‹03›

让你与众不同的3个认知升级

　　既然职场是"场"，那么首先，一定先弄清楚"场"的含义。

　　有的人混了一辈子职场，但是似乎长进不大，在为人处世方面，有时候甚至还不如年轻职员。为什么经年累月的资历没能换来真正的实力，是什么阻碍了一个员工职场综合水平的提高呢？经过一番将心比心的回忆，我回想起自己为了学英语而苦苦挣扎的中学岁月——那时候，我每天一大早就起来背单词，错题本搞了三四本，按理说花的时间并不少，但结果还是常年稳居全班倒数第二。

　　这段近乎灰色的学习岁月，是不是像极了那些混迹几十年却依然没什么长进的职场人士？大力未必出奇迹，如果没有良好的方法，或者带着一些误解去经历，"大力出悲剧"都是有可能的。如果你觉得职场只不过是一个干活、拿钱不断循环的地方，我估计你的提升效率不可能太高，因为这样的理解实在过于粗糙，很难从职场经历中提取到更有价值的收获和思考。

说回到我的学习回忆，后来在一位老师长期地点拨下，我开始从语言的定义和本质去看待英语。慢慢地，对于英语的恐惧感和怪异感就消失了，我明显能感觉到自己开始有了更多的进步，不论是背单词还是做题目，自己都更加像一个"明白人"。

学英语是如此，混职场也一样。搞清楚定义非常重要，这就好比我们玩游戏的时候能够开一张"上帝视角"的地图。借这个机会，我也想借用物理学里的一些概念，去定义职场的这个"场"。

第一，"场"有自己的"内界"与"外界"。

用术语肯定不利于大家理解，我们不妨就用"认老乡"这件事情来打比方好了——如果说我出生在一个小县城中，我在自己老家遇到了一个出生在本省另一个县城的人，那么这个人肯定就不是我的老乡，他就是外地人。但是如果你和他在异国他乡相遇，不用我多说——你们这个时候彼此的感觉肯定就是老乡嘛。所以说，群体的概念是根据实际环境的不断变化而重新定义的。当你和他之间在当下的环境中有足够多的差异的时候，就可以认为彼此并不是处于同一个"场"——这个时候，"场"的界限就横在你们两人之间，仿佛一个栅栏。而如果是在一个更加陌生、更加怪异、更加需要一致对外的环境之中，那么你和他此时就是以共同情感和利益为主了（比如说周围的人都说英语，而你们彼此可以用汉语交流），那这个时候我们就同属于一个"场"，也就是说，"场"的栅栏把你们俩包围在了一起。

那么，怎样去定义"你们""我们"和"他们"，从而找清楚这根"栅栏"呢？

"你们""我们""他们"，这三个词听上去似乎是非常普通的词汇，但这三个词在职场中，常常代表着很多的信息。在各种工作环境中，如何区分自己所在的群体、如何区分对方所在的群体，又如何去努力营造一种团结统一的感觉？再或者说，如何在适当的时候给对方制造一种隔阂感，这都是一个非常重要的工作。找准了"你们、我们和他们"，你就不容易在做事情的时候产生犹豫和迷茫。

举一个小例子：有一些领导或者是职场老手，经常会在访问其他公司的时候，称呼对方公司为"咱们公司"。

实际上这个发言者并不属于这个公司，但是他通过"咱们"这种第一人称群体的表述，就能在情感上拉近自己和对方公司之间的距离，让听的人更容易接受发言内容。在职场中，这种距离的塑造，不仅仅适用于增强彼此之间的关系，也能有利于划清界限、保护自己。

想要明确哪些人是"我们"，首先要把自己阵营的群体的概念搞清楚，对面的人，也就是"你们"了。当然了，在不同的时刻，"自己人"的定义肯定也不一样。比如说在同一个公司的不同部门之间，有时候就不都是"我们"。

在部门与部门之间进行交流的时候，如果你想向对方明确彼此部门之间的不同，那么你称呼对方的部门时，就应该用"你们"，而不是"我们"。此时，如果你想跟你的部门领导表达一些对其他部门的不满或者委屈，那这个时候你在形容自己部门的时候，就要明确是"我们"。

在我们明确了谁是"我们"，谁是"你们"之后，"他们"这个概念才出现。往往"他们"这个概念出现的时候，是指你我两个群体，共同对第三方去形成一些评价或表述。

在讲到"他们"的时候，我们是站在一个旁观者的角度去表达或传达一些信息的。比如说"向他们学习"，或者说"他们这些人做事儿不是特别的地道"等等，类似这种的风格都可以看到：第一，"他们"的用词表示被你提到的这个群体或者这个人并没有出现在交流的这个环境之中，也就是说，被提到的人是听不到的；第二点是说在表达的时候，这个群体是游离于你和交流对象之外的。

搞清楚了"你们""我们""他们"这三个概念，我们对于职场"栅栏"的区域感，就基本建立起来了。

第二，"场"有变化，也有相对稳定性。

前面提到了很多，就是说"场"的范围可以变来变去，这个"栅栏"是随时可以被搬动的。但是，我们更多的时候还是处于一个相对稳定的人际关系里。那这里面的学问，就不仅仅是前面称呼的切换那么简单了——关键是在你的内心，你得清楚自己所处的这个社交的环境中，大概有怎样的一个稳定的群体？

有些领导经常批评下属，说有些人"找不清自己的定位"，这话是什么意思呢？就是因为有的人没有很好地搞清楚自己的相对稳定的群体，通俗来说，就是"不知道自己层级高低""分不清敌我友"。

虽然工作证上表明了自己的部门和岗位，但是有人的地方就有江湖，这里所谓的"江湖"就可以理解为各种"场"，在具体的小团体或者说小组之中，如果没有很好地进行定位，就会在人际关系方面犯错。

面对"场"的多变性，如果我们只是说一句"以不变应万变"，好像有点儿太偷懒了。对于绝大部分的职场新手而言，这种话并不能起到很好的实际指导作用，还有可能会误导人。职场的相对稳定性是建立在工作的稳定性和人际关系的稳定性之上的。如果你在一个职场环境里已经待了超过一年，那么这个稳定性就可以比较容易地建立起来，反过来说，如果你是刚刚到了一个新的公司，或者说刚刚调换了一个新的岗位，那么这个时候请不要滥用所谓的"职场稳定性"，此时你的任务是建立稳定性。

　　固然有的地方气氛友好，有的地方气氛不太友好，但稳定与否不仅仅看客观环境，还需要看你为此做出了什么工作。良好的职场稳定状态，是你本人和周围这个小环境相互磨合、妥协的一个结果。每个人的个性，都有被他人容易接受的地方，也有会令他人感到不舒服的地方。不仅仅是个性，某一个具体的小行为也一样，当你的行为方式能够不伤害、不破坏这个"场"的和谐时，你就可以比较轻松而愉快地面对工作和人际关系了。不过，这种彼此融合并不是每个人都能实现的，在持续的抵触和冲突下，失败的案例也是比比皆是。

　　第三，不妨想一下"场"内的同与不同。

　　前两年，"引力波"和"引力场"这两个词汇非常流行，接下来我们将继续用这些科学的概念来打比方。跟大家阐述一下什么是场内的同与不同。在一个场中，只是规定了大家所处的氛围是基本一致的。但这里面的每一个个体肯定都不一样。这就是场内最基本的不同。

　　那接下来呢，几个人的小群体再往下分，也可能有更多的详细情况。在这里面，你不可能带着一个单一的思维去面对它。

在职场中的我们，一方面是做好本职工作——毕竟工作还是要比拼成绩的，我们搞好人际关系，也是为了创造更好的业绩；另一方面，了解基本的人际关系也是非常必要的。

在这里还想多说一句，就是我们在处理这些复杂的人际关系的时候，也不一定非要把自己放在某一个团体的上面（就是说，你不一定要"站队"），虽然我们经常说"站队"是一种混社会的艺术，但有时候盲目地去搞这个行为也会害了一个人。更多的时候还是要分析：站队是不是我必须要采取的一个选择？这个队，我值不值得站？这个队的方方面面背后有哪些合理的东西？或者说如果我觉得这个队伍它本身就很不合理，早晚要出问题的话，那我可以提前保持距离，只进行有限的接触，就如同保持一种遥远的吸引力。遇到了有严重问题的队伍，聪明的"星球"会避免两者之间靠得太紧，因为如果靠得太近的话，可能就会导致玉石俱焚的灾难。

我过去有一个挺有意思的习惯，就是总喜欢在一个团队中以旁观者的身份去观察。我会看这个团队中不同人的性格色彩、行为方式，以及他们彼此之间互动的细节。经过这些观察，我发现，每个人与其他人之间相处的方式都是千差万别的，这很难通过一个单一的模式，或者说类似于一个普遍化的公式进行粗暴的概括。

在职场中，那些段位比较高的老手往往能够很快地针对不同的情况而采取不同的微调修正策略，把自己原有的风格进行优化。这就是古人说的"良将用兵若良医疗病，病万变，药亦万变"。然而，本书的大部分读者肯定还是初入职场的年轻人啊。那在这种情况下，我们怎样尽快去搞定这个场呢？事情不是一蹴而就的，这里给你三部曲——适应、使用、驾驭。

玩转职场三部曲：

第一步，适应"场"。

适应的第一步并不是做什么动作说什么话，而是观察。只有反复观察，才能得到更贴近实际情况的结果。观察的方法，并没有具体的定式。因为不同种类的工作，不同地区的文化之间的差别实在是太大了。但是，从心理学的角度分析，也的确有几个共同的细节，可以作为你快速开展有效观察的方法。

第一点，我们要观察大家互动的频率。

在一个团队或者部门中，大家互相之间语言和行为交互非常多的时候，这个场往往就是处于一种相对有序而稳定的状态。请注意，这里是有例外情况的——如果这个场是一个刚刚组建的部门或者团队，那么就并不适用于这种情况，因为陌生人在彼此刚刚相遇的时候，可能会有超乎常规的更多的交流和互动。基于互动频率的观察，起码得是一个彼此都基本熟络的团队。

第二，观察的细节角度。

就是这个场在一天中共同维持的存在"持久度"，或者说每一天自我保持不解散的能力。最好的例子就是看下班之后——毕竟在上班的时候，某一个部门或者组织肯定多多少少是"被迫"要待在一起的，你并不能很好地看到这个团队或组织的凝聚力。但是到了下班时间，大部分的客观约束作用不存在了，主观的心理作用就能够水落石出了。

离开办公室或者工作场所之后，如果大家彼此各顾各的，线上线下也没什么交流，那这个时候我们可以很放心地说：这个场子的凝聚力相对一般。而如果说大家在下班之后还能够自发地去进行一些聚会、聚餐甚至自愿加班，那就可以推断这个场的凝聚力是比较强的。我记得一位老演员说过："如果拍戏开工的时候，我想到了收工回家，那么我这次拍出来的肯定是烂片。"类似的道理也可以用来评价场的凝聚力。

第三个有趣的观察的角度是，你不妨来看一下这个场内有没有一个核心式的人物，就像引力场或者重力场的"中心天体"一样。我们举个例子，用太阳系来打比方。

在太阳系中，太阳就是占绝对支配的一个地位，它的个头最大、质量最大，而且作用范围最远。

太阳系里的各个星球都是在太阳的引力约束下进行运动的，然后彼此再通过自己的小引力场去俘获或者管理自己的卫星和附属天体。当然了，在有些星系中，也可能伴随着多个核心（例如互绕对方的双星系统），甚至说是没有核心。这就是我们所谓的一种"群龙无首"的状态。

通常来说，没有核心的团队是容易解散的，但事情也不绝对，如果在这种情况下，团队还能够稳定地存在的话，那很可能就是有多方面的权力进行制约平衡，这种场子里面的套路就很深了——多权力制约平衡的地方，往往对职场新人不是那么友好，容易犯错误，摔跟头。

如果你一开始身处这种多核心的职场环境之中的话，要格外的谨慎，要多动脑子，实在待不下去了，可以考虑退出。没错，如果实在无法完成适应，退出也是一种选择。

在观察好之后，如果你得出了某个结论，那么恭喜阁下！不过，我们的事情并没有结束，因为我们观察的根本目的并不是当一个分析师或者研究人员，我们还是为了去适应这个"场"。当你明确了这个"场"的核心是某一位领导或者某一位员工的话，你更多的是要跟这个核心去进行接触，去完成这种彼此的适应，去构建彼此的心理舒适区。

这里面并不是说需要一味地去讨好对方，你更多的目的是给他建立一个综合印象，让他能够认识并逐渐接受你的风格，同时相应地，你也要认识并逐渐接受他的风格。这个时候你作为一个"行星"，和这个"太阳"之间的相对稳定的运动关系，就基本建立了。

当然了，你不仅仅是要跟这个领导或者某几个核心保持良好的互动，你还要记得你的那些同层级的"行星"兄弟姐妹们。你们之间的运行如何不相撞？如何保护好彼此的利益？如何在各自的工作岗位上产生一些回避和互动的效果？这也是你适应场要做的一件事情。

适应的目的，是为了能够轻松、愉快而又长期的工作。

在经历了以上的分析和适应之后，你就可以正常地开展工作了，这也就是我们说的你完成了融入。这是我们职场中关于"场"的第一个段位。

第二步，使用"场"。

所谓的使用，就是指我们可以利用这个场的一些特性，去提高自己的效率、增加自己的业绩、提升自己的工作评价。当然，也不要忘记，使用是以适应"场"作为基础的。那对"场"的使用呢，我的结论是：首先就是要明确核心的作用。如果你是地球，当你面对太阳的时候，你一方面要受到太阳引力的制约，但是另外一方面，太阳提供的引力场也给了你很多的保护——它会把一些空间中漂浮的其他的一些尘埃、小行星给吸走或者是排斥出去，从而来给整个太阳系提供一个相对安全的空间。

很多人一提到使用这个词就不舒服，总觉得是在出卖集体、损公肥私，但那是恶意利用，不是正常使用，如果你总带着这样的误解，估计很难做好群体性的工作。所谓对于场的使用，是一个趋利避害的过程，每个人的工作都会受到一定的限制，但是正如同前面对太阳的评价，这份限制其实也是对每一个人的保护。我比较反对在职场中推行所谓的绝对自由，因为绝对的自由也往往意味着绝对的没有保护。如果每一个领导都不负责任的话，那么，每个领导固然不会给你造成什么干预或者管控，但同时你可能要面临所有的质疑和风险。这个时候对职场新人来说，肯定是很不利的。

对于场的使用，还有一点非常重要的就是，要善用"我们"的力量。在前面已经提到了我们在"场"中可以用"栅栏"的移动来划界，那么有了"界"，就可以明确"我们"这个概念。在对其他部门乃至对于外界进行一些交互工作的时候，你不光要从口头中提到你所在的这个"我们"，还得想办法通过行为让对方感觉到——你的确是代表着这个"场"。就能让别人觉得，你不是一个孤立的个体，而是一堆人来和他进行对话、交流的。所以这个时候，他就不仅仅要考虑你本人，他还要照顾到你背后所在的这个部门、这个整体的利益，此时你说话做事，不但更舒服，而且目的明确，效率更高。这种感觉，就像一个钦差大臣一样，你代表的是一个集体，所以你可以获得整个集体的力量。

第三步，驾驭"场"。

你可以简单地把它理解为：成为这个"场"的领导，成为这个星系的"太阳"。不过呢，高手驾驭场可不一定非得当核心人物的，他可能在里面只是起到一个辅助或者融合的角色，然后也一样可以完成驾驭。

就是说，你可以当这个团队的老大，这是驾驭"场"的最明显的一种方式。同时，你也可以当这个团队的不可或缺的"参谋长""团结者"，也可以完成对"场"的驾驭。我们可以借鉴一下某些部门，很多部门的正职可能会因为领导的更迭而反复更换，但是这些部门里面常驻的副职却可以稳定地存在很多年，而且很多工作都是依赖于这个副职完成的。能不能驾驭"场"，不是嘴上表达，还是得看实际效果。

在我的主张中，承认对"场"的驾驭有以下几个标准：

1. 这个"场"里面的每一个个体，都足够尊重而且认同你。也就是说，在一个星系里各个星球都会不侵犯你，而且这些星球还会主动帮你做一些辅助性的工作。

2. 一旦你自身发生了一些改变，就可以引起整个"场"的改变。比如说，当你某一天状态不好的时候，大家都会来问你，会来关心你是否出现了什么情况，同时他们还能够根据你的变化，做出一些反应，从而配合你或者说给你起到一个弥补的作用。

3. 就是这个"场"得离不开你。我们经常会讲"每个工作岗位都是独一无二的""每个你都是最不可取代的"。但事实并不是这样。在讲到职业竞争力的时候，我们强调的是你对这个集体的不可或缺性。这个属性是非常重要的一条护身符，也是能否驾驭"场"的关键。

剖析角色心理，制定最优策略

设想一下：正在陌生城市开车或者步行的你，盯着眼前的导航软件，略带紧张地前行着，这时候如果手机的定位功能突然失灵，你将会陷入怎样的窘迫？接下来的路该怎么走？我现在究竟在哪里，目的地又在哪里？

这些手忙脚乱的问题，都源自"位置"的丢失。

足球赛、篮球赛等诸多赛事开始前，主持人介绍双方队员的时候，都不会忘记通报他们每个人的位置。"位置"这个信息，决定了这些球员将会在比赛中扮演怎样的角色，同时又要和对方球队里的哪一位"捉对厮杀"，所以，哪怕是可以随意切换身份的全能型的球员，也会在比赛中有一个明确的位置。

工作，也是一样的道理，只要是涉及多个人的工作，其中的每一个人一定都有其各自的"位置"。这种位置的界定，远比体育赛场上的位置要复杂得多，但却又像你的手机定位一样，决定着你今后在职场中的一言一行会不会"误入歧途"。所以，明确自己的位置，很有必要。

你也许会听到领导或者同事对你说这么一句话："请找准自己的位置"，当这句话出来的时候，意味着什么呢？

显然，这意味着你需要好好修复一下自己的"定位功能"了，如果这个功能出了错误，你在处理各种关系的时候，就会"东倒西歪"，惹来诸多麻烦和非议。很多人明明很努力，但最终却闹了个众叛亲离的下场，多半就是定位出错惹的祸。

在职场之中，有很多隐性的规则，就如同前文所说，我们职场里的种种关系，就仿佛生物世界里的"食物链"一样，一个人究竟会面对怎样的机遇和威胁，就要看那个人处于这个"食物链"的哪个位置。

身处群体中的工作者，在位置定位方面最经典的困惑就是：结伴还是独行。比如说你发现了一个非常有价值又有一定风险的项目，到底做还是不做，是自己去做还是叫上同事一起做，单独做了会不会成为"出头鸟"，叫上大家又会不会成为那个把集体"拖下水"的罪魁祸首？类似的种种问题，都需要事先结合我们的"定位"去分析。

只要明确了定位，就可以通过你和同事们对应的角色心理，找到那个最适合你的做事策略。

定位的第一步，是明确你周边的区域。我们常说"物以类聚，人以群分"，然而，在同一间办公室里的同事们，很可能并非是这样的志同道合者。如果你运气足够好，与身边的同伴秉持着相似的目标和一致的价值观，而且你们所做的事情本身也具有较高的价值，那么我相信你们做事情的方法一定也不会太差（虽然处事方式可能各不相同）。

只要和各位同事说清楚事情的利弊，然后自然会有一个集体建议和决策，决策之后就只管放手去尝试好了。

在这种情况下，你只需要分析目标本身，如果自己的能力基本可以搞定，而好处又足够多，那么自己动手也未尝不可。反之，如果你对于事情的风险非常畏惧，则不妨动员队友们一起加入进来，大家相互照应，集思广益，可以大大降低"出事"的风险。

反之，如果大家彼此都只是为了混个生活才聚集到一起，每个人对于前途的看法各不相同，也谈不上什么共同目标、世界观，那么各个角色就会对他人的行事方式高度敏感。此时，不犯错比冒险更明智。哪怕是你咬定了此事值得，最好还是不动声色地去做，这样不论成败，都避免了很多闲言碎语，甚至是干扰阻挠。

实际上，那些具有生命力和成长性的团队，往往都有较高的包容度，而那些喜欢"枪打出头鸟"的人，反倒是弱者角色的体现。为什么这么说？因为"绵羊才害怕掉队"。一个处于职场"食物链"下游的人，就好比是弱小的绵羊，它们整天警惕着天敌和自然法则的"淘汰利剑"，"大家做事都差不多"的局面最能给它带来安全感，当狼群发动攻击的时候，绵羊们纷纷逃窜，只要自己不成为最后一个，那么被吃掉的就不会是自己。

反过来说，如果身边的绵羊伙伴们纷纷加速奔跑，自己很可能就离后面的狼群不远了。所以，处于弱者角色的人，会对周围卓越的同伴容易产生嫉妒心理。换言之，如果你们是一群嗷嗷叫的野狼，大家都紧盯着眼前的猎物，自然没有太多的想法，每个人要做的，无非就是尽力往前奔跑罢了。

提及职场角色，就必须要说一下"刻板效应"这个心理学现象。这种效应是指对某个群体产生出一种固定不变的、习惯性的看法和评价。例如，对员工的身份背景、学历能力有一个固定且笼统的看法，就很容易造成我们无法将人才匹配在合适的岗位之中。所以，大家都应该努力打造好自己最初的职场角色。

同时，如果你善于观察一个人的职场行为，那么我强烈推荐你去推敲对方的角色定位。

从一个人在职场中做出行为的方法和态度，往往就能确定这个人在职场链条中的位置。同样一句话，出现在那些高居顶端的领导口中和下游"虾兵蟹将"的口中，会有完全不同的气场和含义，即便你初入职场，也不难从中发现端倪。

关注"场"外与"场"际

很多职场行为的研究和指导手册，更多地是讲某个"场"的内部，咱们作为不一样的一本职场心理指南，还要说得全面一些，也要提及一下职场的外部。

◆ **情绪自由**

这里给出几点小建议，文字很简单，大家不妨顺着此前的思路，进行思考和延伸：

1. 面对"场"外人士，我们应当尊卑有度。

2. 防人之心不可无，但又要体现出礼貌和大度。

3. 每个集体都有自己的集体荣誉感，我们不可轻易践踏，宁可否定对面的个人，也别轻易否定对面的群体。

4. 没有永恒的朋友，也没有永恒的敌人，凡事不要觉得一蹴而就，也不可能毕其功于一役。

5. 有的人，看似站在对方的"场"内，但实际立场可能不同。

6. 独立的人，和身处于某个"场"的人，可以表现出不同的状态和利益关切。

7. 维护自己的"场"，任何时候，都很有必要。

第二章

情绪：别让情绪掌控你的人生

| 情绪一片空白，人生就会一片空白 |

我们总会有这样的体验——同样一件工作、同样一个任务，为什么这一天做的时候就顺风顺水，而其他时间做起来就各种出错呢？

人，总归是有情绪的动物。我们的情绪有高潮，也会有低谷，有时它会给你提供无形的帮助，有时它也会把一切搞砸。行走职场的顶尖人士，大多是了解和掌控情绪的高手——他们不但能够管理好自己的情绪，甚至还能根据对方的情绪去配合同事或者打击对手。《亮剑》里的李云龙，靠简简单单几句话就把整个队伍的战斗力抬到顶峰。

我们当然不鼓励打打杀杀，但自我保护总是必要的。你不用，但不代表别人不用，什么才是最好的防御办法呢？就是让对手知道"这事儿我也很厉害，所以你别打我的主意"。

实际上，合理利用情绪来面对工作，也是职场中不可缺少的一项技能。想要成为驾驭情绪的高手，并不是那么容易的事情，但这绝对值得你去为之努力。这些技能需要从哪里着手"修炼"呢？在这里给出三个非常有意义的问题：

1. 情绪，究竟对我们的工作有着怎样的意义？

2. 在不同情况下，我们的情绪为何会有如此大的区别？

3. 我们应当怎样去掌控情绪？怎样避免被情绪"绑架"？

搞清楚了这三个问题，情绪就是那个每天为你保驾护航的天使，而非惹是生非的魔鬼。

我们常常提及的"情商"，全称就是"情绪商数"。

资深情商研究专家、哈佛大学博士戈尔曼，将情商定义为五个方面的能力：认识自身情绪的能力、妥善管理情绪的能力、自我激励的能力、认识他人情绪的能力与管理人际关系的能力。

综上所述，不难发现，情商绝不是简单的懂得讨某些人的欢心，也不仅仅是懂得照顾他人的情绪，情商的第一优先级绝对是培养良好自我的觉知。

　　戈尔曼教授与博亚特兹以及安妮麦基等学者合著的《情商4》一书中，他们阐释了一个观点：在职场的最高层次，领导力的竞争力模式体系里（包含以情商为基础的各项能力），情绪管理能力对个人竞争力的贡献率在80%—100%。一家专注于执行力分析的国际研究公司的研究主管指出："CEO 们被聘用和赏识，通常是因为智力和商业才能，而他们遭遇解聘却多是因为缺乏情商。"

　　这也充分表述了一种可能性：不仅仅是职场小菜鸟需要关注情商，当你修炼成"老兵"后依然要关注这一方面，在顶层的"决斗"中，智商和技术能力指标的重要性并没有你想象的那么大，一切拼的还是"心法"。

　　情绪对于工作的意义，通俗地说就是："在工作中，你的能力是肉体，而情绪是衣服。"

　　第一，我们的工作能力在短时间内很难快速改变，但情绪是比较容易改变的。

　　第二，情绪色彩就好比是衣服的色彩，可以显著地让其他人看到你现在的状况。

　　第三，好的情绪可以为你遮羞避寒，并能适当掩盖你的缺点，放大你的优点，进而提升你的整体形象。而坏的情绪，则可以让你显得狼狈、低劣甚至不可理喻。

　　世界上绝大多数处于行业较高层级的人士，对着装都有着较高的追求，他们希望自己的着装能够让对方感到专业、可靠，从而为工作本身提供良好的环境设定。

　　实际上，情绪在工作中，起到的作用基本也是如此——如果你常常情绪高昂，可以让对方感觉到你散发出来的那种激情温度；如果你常常情绪低落，同事们就会尽可能和你保持距离（对手可能会趁机发起进攻）；如果你的情绪飘忽不定，就会让人有一种捉摸不透的感觉（如果你恰好是个新手，很可能会因此得到"不够成熟"的评价，而情绪多变的"老人儿"就会让下级感到费神和警惕）。

　　人的情绪有高点有低点，这是常态，但是，那些善于调整自己情绪的人，在懂行的人看来，评价一定是两个字——高手！

　　所以，作为我们"衣服"的职场情绪，会参与你职场形象的塑造，究竟是听之任之，还是精心设计，效果不言自明。

　　说到这里，大部人肯定会有相同的问题——我知道自己的情绪有这种作用，但情绪这件事儿很难搞清楚，我怎么可能像天气预报一样，去推测自己今后的情绪会是怎么样的呢？

　　其实情绪这个东西并没那么难，有一个原理就能够说明我们的情绪为什么会变成这个样子。

　　情绪并非是一个独立的状态，它常常和心情、性格、目的、外界环境等因素互相作用，并且会受到荷尔蒙和神经递质影响。情绪的产生是需要人的内部生理因素和外部客观因素共同作用的，并且最终由人的意识去触发。尽管一些情绪引发的行为看上去没有经过思考，但实际上，意识是产生情绪的重要一环。

　　在潜在的意识之中，我们的情绪更懂得我们想要什么。情绪，是你的大脑根据眼前的情况做出的一个"调整指令"，它希望你能够做出最合理的举动，去配合眼前的情况。

　　所以从直观上来看，我们是施加情绪的人，但实际上，我们只不过是被情绪牵着鼻子走罢了。

简而言之，情绪就如同一个喷嚏，当你受到外部的刺激时，身体会根据自己的习惯给出一系列信号，然后，你就——阿嚏！

了解了这个原理，我们继续说说怎么防止被情绪绑架，怎样成为一个能够掌控自己情绪的人。

提及情绪对于工作的意义，每个人都能讲得头头是道，但深层的逻辑你真的清楚吗？情绪好的时候做事情一定会更棒吗？情绪糟糕的时候就不适合工作吗？

大量的"打脸"案例告诉我们，情况完全不是这样。有时候我们说"哀兵必胜"，有时候我们又会发现乘胜追击更好，所以关于情绪，咱们并不能下一个简单结论。

在心理学领域，情绪被描述为"针对内部或外部的重要事件所产生的突发反应"，同一个人对同一个事件，总是有同样的反应（也就是说，你自己并没有想象中的那么难以捉摸）。

如果你想要预测自己的情绪，最直接的方法就是，观察和总结自己之前面对同类情况时候的反应和体会，因为这样的现象，会在下一次发生类似情况的时候准确到来。

同时，请注意"突发"二字，这说明情绪持续的时间很短，所以，如果我们需要回避一些有害的情绪，最好的办法就是等待。生气的时候先数三个数，就是对突发性情绪的规避。

人类产生的情绪是包含语言、生理、行为和神经机制互相协调的一组反应。

如果你想要克服某种情绪，就必须要针对性地采取一些训练手段，并且坚持相当长的时间才可以。

在这一节的末尾，我想重新问一个问题：什么是高情商？

情商绝不是圆滑，更不是能说会道。那些看上去受欢迎的人，不一定情商高。而内向不合群的人，情商也不一定就低。

衡量情商高低的标准，其实就是四个字："自我觉知"。

谁能够清楚地意识到自己的言行举止会为他人造成什么影响，谁就是情商的高手。

因为，身处职场的你，并非"孤家寡人"。

调节情绪的七个方法如下。

◆ 情绪自由

方法名称	方法描述	注意事项
心理暗示法	当自己的教练，给自己鼓励，通过有意识的自我暗示，摆脱眼前的极端情绪（如紧张、畏惧、逃避、激动）。在执行某种复杂技术操作的时候，口中可以默念过去总结的要领口诀。在做事情的过程中，先在脑中预想一下你希望的结果，这样在行动的时候，人会不自觉地贴近这种理想情况。	在进行心理暗示的时候，多想一想自己的成功案例，如果没有成功案例，那么就告诉自己"这一次就会做成"。这种自我暗示未必能导致完美结果，但如果此次没有做成，不要否定自我暗示的意义，而是事后去想本次细节中有哪些进步。
转移注意法	在遇到"钻牛角尖"情况的时候，或者一件事情越重复越做不好的时候，你就要考虑转移注意力了。此时你可以去关注某一个技术性的细节，或者目视远方，或者看看周围其他物品，或者去感受一下身体各个部分的知觉。转移注意力的目的是为了让自己从眼前的情况中"脱离"出来。	很多错误源自于过度关注某一件事情，导致了"单打一"，适度转移注意力，可消除这种精力过分集中产生的负面效果。在注意力转移的时候，也不要完全忽略事情本身，避免矫枉过正。

续表

合理发泄法	情绪憋闷、低落、沮丧的时候。可以通过剧烈运动、大声唱歌、跳广场舞等方式宣泄。由于发泄情绪的时候人可能会显得不太正常，所以我们建议这些动作可以找个没人的地方去做。	实际上，情绪过度高昂时也需要适度发泄，避免自己过度喜悦而导致乐极生悲的情况。
时间拖延法	一切情绪都会随着时间的流逝而慢慢弱化，你需要找个独处的环境，静静坐着或躺着，结合深呼吸，来平复自己的状态。	另外，拖延的时间15分钟足矣，若长时间不做正事，可能导致更不利的局面。
自我说服法	在强烈排斥、愤怒等情绪发生的时候，人不容易做好眼前的事情，此时就需要为眼前的事情做出合理解释，这种感觉就好比是打辩论赛一样，你要分裂出另一个自己，举出一个个例子，来说服自己。	自我说服并不是妥协，而是根据眼前的实际情况做出调整。这是智者和强者的方法，不是没有原则。

续 表

人际交流法	不论你是如何坚强，我们都建议在有负面情绪的时候去找个朋友倾诉一下。这有两种好处：第一，对方有可能对你目前所处的情况有一定经验，有可能会给出一针见血的建议；第二，哪怕对方无法解决问题（或者给出的建议完全不适用），你在描述和倾诉的过程中，也能不断卸掉负面情绪带来的压迫感。	交流的对象应该是对自己友好、亲近的人，否则，只会雪上加霜，还不如不交流。
拔高升华法	面对眼前的问题，站在长远的战略角度去思考其积极的意义。比如做错了一件事情挨批评了，你要告诉自己"这次的错误对我今后的提升有很大促进作用。而且，一直顺风顺水不一定是好事，目前的挫折正是一次磨练的经验"。这种升华的策略不但有利于调节情绪，更可以让你的理性思想得到进步。	拔高升华这个过程可以分为两段：第一阶段是调节我们的情绪；第二阶段是当情绪稳定之后，做出实际行动去调整、提高自己。

实际上，控制情绪只是第一步，真正的"武林高手"是那些懂得利用自己情绪的人。为什么一定要把情绪看成我们的仇家呢？情绪未必是"绑匪"，我们完全可以跟情绪做一对互相帮助的好伙伴！

如何利用自己的情绪，这里举三个例子：

例一，当你面对未知的结果，感到恐惧的时候，综合各方面收集到的警示信息（比如前人的教训），多一分谨慎，因为此刻恐惧情绪想要给你的行为"踩刹车"，我们虽然不能裹足不前，但在继续前进的时候，要想到备用的方案是什么，应该怎样化解威胁，是否能够承受最差的结果……也就是说，当你发现自己害怕的时候，你要搞明白自己为什么变得害怕，这样分析下来，既能识别真正的风险威胁，也有助于认清那些虚张声势的"纸老虎"。

例二，当你被上司训斥、被不利结果打击之后，此时低落的情绪也是有利用价值的。人在这种情绪时往往谦卑而懂得敬畏，不太可能做一些出格的事情。此时做一些技术难度不高又追求细心的工作（例如整理物品、修订报告），效果就会比平时强一些。不过我们也要注意，职场里的低落情绪常会伴随着压力和紧张感，而紧张感对于从事快速应变的技巧性工作是不利的，所以，我们不鼓励在这种情况下进行此类工作。

例三，当你被一些感人的事情打动时，怜悯和温暖的内心将会让你的亲和力瞬间提升，此时如果需要从事一些考验耐心的待人接物的工作，比如说做项目讲解、商业谈判，效果往往不会差。所以，那些常怀怜悯之心的义工、慈善家，会让人感到莫名亲切。

类似的例子还有很多，我们不妨把自己的所有常见情绪列一个清单，然后对照着这些清单，思考一下每一种情绪背后适合做哪些事、不适合做哪些事。这个清单并非是一成不变的，但在相当长的一个时期内通常不会有大的变化。当你完成了这个清单之后，就好比是给自己写了一个"使用说明书"，你可以形成更加准确、合理的自我认知，从而拥有更高的工作效率和工作效果，同时也能够大大减少犯错的概率，久而久之，更好的自己就水到渠成了。

"任何人都会生气——这很简单。但选择正确的对象，把握正确的程度，在正确的时间，出于正确的目的，通过正确的方式生气——这，不简单。"这是亚里士多德在《伦理学》一书中对情商的强调。如果你敢于直面自己，用智慧去研究自己的情绪，那么对于你的职场角色塑造，就会变得十分有利，而且这些情绪本身也很值得去好好研究。自信也好，紧张也罢，乃至于焦虑、拖延……这些情绪背后也都大有学问……

‹01›

为什么别人有自信心，而我就没有？

所有取得成就的过来人都会告诉你：自信心是个好东西。

当你一路攻坚克难站在职场的顶端时，回顾自己曾经走过的路，你就会发现，在很多时候，正是当时的那股自信心，鼓励着自己勇敢地迈出第一步，并且坚持下来，才有了今天的良好局面。

古今中外，伴随着"自信心"三个字的佳话有很多。

可是，对于职场新人来说，在技能、人脉和心态都没有那么强大的时候，自信心就是一个"稀有元素"，我们的自信心应该从何而来呢？

这就要先搞清楚"自信是什么"。

简单来说：自信心，就是你觉得——接下来的事儿，我不会弄错。

从心理学的角度来看，自信心其实是一种"自我评估良好"的心理状态，说得学术一点，就是一种自我效能认可，是一个人对自身成功处理特定情境的能力的估价。英语中对于自信是这样描述的：Believe that one is right on something or that one is able to do something（相信自己是对的，或者认为自己有能力做好事情）。只要你在某件事情上认为自己是对的，或者认为自己能做某件事，即可称之为拥有自信。所以自信首先是个人内心的一种判断（不论这个判断正确与否）。面对未来可能发生的未知结果，我们的潜意识和本能会不由自主地做出一个判断，如果你的判断是好的，那么这就是自信，反之就是不自信。

不过，关于自信心的产生，学术界还存在不同的表述，但总体来说，自信心的产生，往往基于以下几大因素：

一、情况相似的既有成功经验

相似联想，是人们做出判断的最常见套路，比方说，如果你的二胡拉得不错，那么对于学习小提琴，就会更加自信——因为两者都是弓弦乐器，具有一定的相似性（哪怕两者用着完全不同的乐谱）。

对于这一点，我是有切身体会的：由于自己有几年练习二胡的经验，所以在一位朋友想让我用小提琴跟她合奏时，从未接触过小提琴的我，居然很爽快地答应一个月后就上台演出。虽然最后证明当初的决定还是有些草率，因为小提琴和二胡的差异比想象的要大一些，但毫无疑问，两者的相似性是我有这个底气的来源。

反之，如果你的英语特别差，那么对于学法语也不会有太大把握（法国人除外）。"照葫芦画瓢"，这就是我们自我评估的常用办法，当你记起了类似情况的成功例子，大脑就会自动迁移到眼前的任务，给出一个不错的打分。

这种相似的成功经验，让人面临未知的时候能有一个"缓冲斜坡"——畏难情绪的产生，就好比一个落差巨大的台阶，上方的台阶是你所认为的难度，下面的台阶是你所认为的自我实力。在相似的情况中找自信，这是人类在漫长的进化过程中，面对未知事物的一个非常重要的心理趋势。

也正因为如此，大部分人在大学毕业后。喜欢选择跟本专业相关的工作，或者说选择跟自己兴趣爱好比较相关的职业。

很多人只看到了兴趣爱好在动机方面对人的促进作用，实际上同样重要的一个道理是，兴趣爱好就意味着你在相似的领域里曾经有过大量的经验，而且提前付出了很多的思考和论证，这毫无疑问就降低了人在职业生涯中克服困难的难度。很多人没有意识到这一点，是因为我们对于人的内心和我们过往的行为研究不够。如果你能够充分地发掘相似的成功经验，也可以大大提升你的自信心。

二、丰富的信息

扼杀自信心的最大敌人是未知，因为未知导致恐惧。

当我们对眼前的事情一无所知的时候，就仿佛置身漆黑的山洞里，我们会本能地畏惧和逃脱。此时，如果往里面丢一块石头听听声响，或者点亮火炬看个究竟，再或者在山洞入口发现了地图和安全告示，我们的内心就会一点点地变踏实，这个时候，自信心就随着信息的增加而增加了。

◆ 情绪自由

俗话说"腹有诗书气自华"。这里面除了文学艺术对人的熏陶之外，还有一点就是知识和信息能够给人带来一种自信，而这种自信，让你具备了强大的气场，整个人的气质也就有所改变。

三、充足的针对性准备

通过大量准备催生自信，这道理和上一条类似，也是一个不断克服恐惧的过程，准备越多，我们对自己能力的评估就会越积极，当你认为自己的能力值已经高于眼前的任务时，怎么可能会不自信呢！

在这里我非常想强调四个字——训练有素。长期的、有目的性的系统化训练，一方面可以提升你的技能水平和熟练度，另一方面也在不断地增强你的自信心。因为人的行为和心理是相互影响的。有时候，明明你具备了这种能力，但由于心理上的问题，比如说自己自信心不足，反而会导致原有的水平发挥不出来。所以，训练有素，可以让你的信心达到一个比较理想的标准。

四、强烈的动机

在飞行教育中，我们也经常提到"动机"。那么，如果一个飞行学员能够带着动机去面对一个知识或者说是一个飞行动作的话，他就可以收获更好的学习效果。同时，动机本身也如同一个化妆师，能把面前的困难改头换面，让那种邪恶凶险的色彩进行改变，从而变成一个看上去人畜无害的任务。这样，我们内心的抵触和畏惧情绪也就基本消失。

反过来说，如果毫无动机甚至是在抵触，这位慈眉善目的"化妆师"也会变成一位面目可憎的"老巫婆"。事情是同一件事情，人也是同一个人，不同的动机下，你看到的过程和结果也会完全不同。

有一句老话叫"重赏之下，必有勇夫"。没错，自信心也是"重赏"的好朋友。往深处分析，人的顾虑和提防是可以变化的，这无非是一个权衡风险和收益的过程，"我们的大脑每时每刻都在做买卖"，如果诱惑足够大，我们就会不由自主地乐观起来。这也是我们非常提倡培养兴趣的原因，有了兴趣，诱惑就自然而然产生了。

五、良好的时机和外部条件

每个人都有情绪起伏，有的时候会莫名地踌躇满志，有的时候容易低落悲观，你可以将其理解为一种生物钟（这种"生物钟"可能在一天的不同时刻出现不同的变化，也可能是跟着季节和年纪变动）。同样地，你所处的外部环境也会给自信心做加减法。

渐进过度，构建相似性。

如果你对眼前的任务没信心，不妨先做一些类似的小事情来铺垫一下。实际上，这也是一个热身的过程，尤其适用于没有经验的职场新人。如果你对吃鸭蛋感到害怕，那么可否先吃个鸡蛋？再或者吃个鹌鹑蛋也行啊，这就是用相似性培育自信心的过程。不打无准备之仗。

强国和敌人宣战的底气，肯定与弱国不同，准备得多与少，直接影响到大脑的判断。这里要说的是，不自信的人往往喜欢用很严苛的标准去判定"我是否做了准备"这件事，他们会把一些关联性较小的准备工作排除在外，这对于培育自信显然是不利的。

多听多看，深思熟虑。

"任何战争都是双方信息量的竞争"，你掌握的信息越多，恐惧就会越少，自信心就会越强。其实，这也是做准备的另一种形式。对于经验比较匮乏的职场新人来说，从多角度去搜集信息，本身就是一个很好的职场习惯。

多找一些好处。

既然说"重赏之下，必有勇夫"，在无法改变客观情况的时候，我们就得想办法去给眼前的事情做一番美化。害怕蹦极？想想你蹦下去之后朋友们对你会有怎样的钦佩，想想体验这种大起大落的宝贵经历，再想想你会从此加入勇敢者的行列……类似的态度，就是那些自信者的力量源泉。

多交朋友少结仇。

队友越多，信心越强，抱团取暖总好过独自挨冻。这个方法我觉得特别值得职场新人重视，因为更多的朋友不但能直接增加你的信心，更可以为你创造解决困难的客观条件。所以，这个方法不但是给你的大脑"做思想工作"，也是直接促进成功的诞生。我特别认同一句话："弱者是没有什么资格四处树敌的。"结仇的过程会让人的状态变差，对自信心也是一种无形的打击。

所谓的自带信心的人，大多是熟练使用以上方法的高手，所以如果你缺乏自信，就在这些方面下点儿功夫吧。

但凡事有利必有弊——自信心也可能产生副作用。我通过常年的心理学实践，发现这些遭遇"自信副作用"的人，大多是对"自信心"有误解。在这里，我们就列举出最常见的几种误解，帮助大家躲避"雷区"。

有的人认为：有了自信就一定能成功。这种想法显然是错误的，自信只是成功的一个因素，却不是唯一的因素。

客观来看，成功是由多种内外的因素促成的，如果有人认为有了自信就一定能成功，那么这个人很可能就会疏忽了对这件事情应当付出的努力，最终当然难有什么好结果。

还有人总是觉得，自信是成功的副产品，上一件事情做好了，下一件事才会有自信。这种想法的危害在于：一旦你遭遇了失败或者挫折，就会自己扼杀自信，以为自己已经失去了产生自信的条件。实际上，成功并不是自信之母，它最多能激发和放大一个人的自信。有许许多多的人成功前都遭遇了大量的失败，难道说他们在这个过程中就没有自信吗？所以，我们既不要想当然地认为将一件事情做好了之后就必然会有自信（这时候的心情反而有可能是自负），也不要觉得失败之后就没机会了。

许多人常常把缺乏自信作为挡箭牌，以没自信为由来推脱、逃避某些事。在遭遇挫折的时候依然可以产生自信心，低落害怕的情绪也不等于没自信。动不动就说自己没自信的人，或许只是短时间内被自卑和畏惧迷晕了头脑，又或者只是为逃避责任去找理由。

越自信越好吗？显然不是。自信并不是万能良药，过度的自信很容易发展为自负，让人失去理性的判断能力，过高地估计自己的能力和处境，容易酿成大祸。

‹02›

这一届年轻人为何如此慌张

　　相信很多人上学的时候都遇到过这样的情况，班上那些成绩特别好的同学，看上去总是一副不紧不慢的样子，而自己，即使拼命努力学习，成绩也不是很突出。这个困惑可以说很多人都有，我也一样，如果说用一个字回忆当时的状态，那就是"慌"。

　　好在我没有一直这么"慌"下去，毕竟每天都在努力，成绩虽然不突出，但也算扎实。上了大学之后，我似乎找到了学习的"法门"，有了几分学霸的样子，能够像中学时自己羡慕的那些好学生一样，在淡定从容中拿到理想的成绩。大一结束的总评排名，我是本专业年级第一，而直到考试成绩出来的前一天，我是还在担心自己会不会"挂科"。研一的时候，整体感觉就更上一层楼，也是考过一次专业年级第一，但心态要稳妥很多。

从高中时候的既慌张又落后，到本科时候的慌张而不落后，再到研究生时候的不慌张也不落后，我的求学生涯，画出了一条很值得思考的成长曲线。这条曲线为我了解自己提供了很好的研究素材。

工作之后，在和众多职场中居于领先地位的人的接触过程中，很多人都会萌生出许多类似的困惑——为什么很多成绩突出的同行总是那么从容？好像他们从来就不会着急，却常常能把事情提前且高质量完成？为什么他们可以耐心地对待每一个人、每一件事？如是种种的"为什么"，都镌刻在他们背后的长期的努力和持续积累之中，而这些努力和积累，也是和他们的职场心理高度相关的。

面对棘手的问题、未知的局面、巨大的挑战，很多职场人很容易产生恐慌情绪。而富有专业经验的人，则能够尽可能先确立正确的着手方向，很显然，在行业内积累出来的丰富阅历，能够让他们处变不惊。这种淡定，建立在一种"向下兼容"的心理情境之中——"更可怕的事情我都经历过,所以这件事没什么值得恐惧的",所以,既然是"打小怪兽",那么自然可以从容应对。

从心理学的本质上来说,经历过了,经历多了,你的慌张程度就会逐渐减小,直至消失。职场人最重要的是要学会沉得住气,哪怕眼前的事情并不顺利,哪怕自己暂时的力量还很薄弱,你都要想办法不动声色地撑下去,只要你能顽强"存活",少犯错误,那么成长就是自然而然的事情。

我们常说"忙中出错",一旦手忙脚乱,那些原本能做好的事情也会变得容易搞砸。实际上,恐慌催生的危害还不止于此,当一个人长期身处恐慌之中,就会在心理和生理上滋生负面的状态,这样的状态下,不但不利于工作效果,更会为你的生理和心理健康埋下"定时炸弹"。所以,唯有在相对淡定从容的状态之中,人的理性和智慧才能够发挥出更大的作用,为解决难题提供最优的路径,也让你的工作进入更加可持续发展的状态。

怎样才能找到这种可持续发展的感觉呢?给你一个建

议——先做到"胜任"。

不可否认，慌慌张张、匆匆忙忙，是我们每个人初入职场的常态。当我们身处新的环境，扮演着新的角色时，对于很多事情都是一头雾水、手忙脚乱，这是可以理解的，但这种模式不应当成为常态。

世界上，几乎所有的工作都是从试探摸索到熟练从容的状态，哪怕是挑战性较高的科研工作，也不例外。胜任，就是对于人的工作能力最恰当的褒奖，这两个字，应当成为年轻职场人的第一个"小目标"。达到了这个标准，后面的进展就会顺利许多。如今回想起来，本文开头的困扰也就找到了答案——之前的自己"道行"尚浅，并没有充分胜任学生这个岗位，只有当自己能力水平达到了之后，才能在不紧不慢中取得成就。

很多工作是要和外界打交道的，比如前台接待、业务洽谈、市场营销推广。人与人之间的交流，很多时候需要花费大量时间、经历重重反复才能够实现比较好的效果。

面对枯燥的手续，或者细微、容易的事情，新人相对更容易失去兴趣，甚至于和对方爆发矛盾。

◆ **情绪自由**

　　而富有经验者，往往能在这些岗位给对方带来更好的体验。坦白地说，谁喜欢来回磨叽呢？不仅是新人不喜欢重复性的琐碎事务，高手们更会对这类事情产生负面情绪。但是，卓越的资深人士更能从中看出事情本身的重要性，或者说它的价值。正如同那些体坛巨星们，日复一日进行着训练，对一个小动作重复个千百次是常有的事情，这种重复本身显然缺乏乐趣，可正是这种重复的坚持，使得他们能够在平凡的时光之中塑造卓越。

　　从容与耐心为什么这么重要？近几年，关于"加班猝死""过劳死"的新闻，屡见不鲜。对此，我们不能全部归咎于工作方法的问题，但良好的自我储备，可以让你尽可能地提升工作效率，降低工作负荷。

　　由此展开来看，我们还不难发现另一个现象背后的玄机：在面对工作对象（诸如客户、来访者）时，真正身经百战的"职场老江湖"，更能够以温和、耐心的态度去对待每一个人。当你的积累达到一定的厚度时，你就会更加明白以人为本的重要性，而非仅仅聚焦任务本身。尖锐的问题，也能够在谈笑间处理好。就我读书期间的体验来看，年轻的教师常常会对学生发脾气，而老教师们普遍更能春风化雨般地对待学生，便是一个典型的印证。

我们来分析一下，产生慌张的一个普遍场景——面对"大佬"。

当你面对比你水平高很多的同行时，他们背后的光环和自带的气场都会让你变得慌张。那怎么才能缓解这种不良情绪呢？最好用的办法就是增加和对方的接触频率。我猜想，肯定会有读者开始抱怨了——"人家可是大佬啊，我哪有多少机会接触呢？你这方法给了等于没给。"其实不然，接触的方法可不限于见面或者对话，你可以没事儿多看看关于他的新闻，或者多回忆一下你们的接触场景，再或者把对方的微信加到常用联系人（置顶）。总之，在你的感官和意识里，想办法去增加对方出现的频率，这样陌生感和距离感就会降低，慢慢地，"大神"就变成了"凡人"，再次面对的时候，也就不那么紧张了。

类似的手法，也适用于事情或物品：如果一件事或者是某一种东西让你感到紧张，你可以想办法，让其变成你熟悉的事物。

◆ **情绪自由**

　　职场心理学并不是说会给自己加油打气就完了的，心态的历练，说到底还是要回归到对工作的付出。请仔细分析你身边那些耐心与从容的"过来人"吧——好心情，是需要强大的专业功底作为支撑的。"罗马不是一日建成"，作为新人，我们不可避免地要经历一个学习和提升的过程。

　　年轻人在"老手"面前绝非一无是处，新人固然没什么经验，但是年轻也带来了活力和激情，以及对于新生事物的快速掌控能力，这些都是年轻的优势。

‹03›

给我一个焦虑杠杆，托起整个职业生涯

这些年，我们见过的职场焦虑，实在是太多了。

焦虑是个好东西，也是个坏东西。

说它好，是因为焦虑给了我们前进的危机感，这种危机感会激发出前进的动力。俗话说"人无远虑，必有近忧"，焦虑就好比是一个杠杆，让我们身处不安之中，从而获得提升。

但是很多时候，焦虑本身只是针对结果的情绪，而且这种情绪也解决不了问题，大部分时候只是徒增烦恼，不但让工作染上灰暗颜色，还影响到正常的生活。有些焦虑是人过分敏感，对于不存在的情况过分担忧，这是性格色彩的问题。但职场新人主要的焦虑，是面对局面力不从心、茫然无措。

中医上常常强调"治未病"，就是说在疾病还没发作的时候就开始行动。实际上，应对焦虑，我们也应该"治未病"。也就是说，当焦虑已经产生的时候，你可能已经做错了一些事情。

所以，面对职场的焦虑情绪，我们要考虑两件事：

第一，我的焦虑是否太过于夸张了？

第二，我应该做些什么来预防和弥补所焦虑的局面呢？

关于年龄的焦虑，你只是缺一次对比

近几年，我发现了一个挺让人费解的现象：

明明是二十多岁、三十出头的小伙子、小姑娘，嘴里却频繁地开始感慨一个词——"老了"，可是当我们放眼一看说这话的人，却实在是年纪轻轻，甚至嗓音里的稚嫩还未全部褪去。这种事儿，我们不但常常在生活中遇到，有时候自己也会说这么一句吧。更极端的例子其实也有，我在"B 站"上看到了一个弹幕，"13 岁，感觉老了"，当时就惊掉了下巴。其他类似的情况也不罕见，大家总是标榜着自己老了……转念一想，为什么大家会这么说？我们真的老了吗？

我之前是从事科研教育行业的，在科学教育领域的官方表述里，有关"青年"的定义是这样的：

国家杰出青年科学基金：45 周岁以下；霍英东基金会青年教师奖：35 周岁以下；国家青年千人计划：40 周岁以下……

看了这些数据，你还觉得自己"老了"吗？

实事求是地讲，当我们步入三十岁后，身体的确会向我们发出一些信号，告诉我们没以前那么"精力充沛、无所不能"了。十几二十岁的时候，人的体能处于巅峰阶段。

那时候的自己，跑得快，跳得高，一身有使不完的力气，通宵唱 KTV、彻夜打游戏都不在话下。随着时间的推移，这些疯狂燃烧精力的事情，的确是渐渐"玩不起"了。

但这就是衰老吗？其实远远谈不上。人的身体总归是为有规律的生活节奏而设计的，那种极端化的透支做法，放在哪个年龄段都是不合宜的。如果我们从运动科学的角度来看，就不难发现，大部分的职业体育项目里，运动员的黄金年龄都是三十岁上下，但超过四十岁依旧活跃在高强度赛场上的球星也并不罕见。

其次，对衰老的感慨，其实也源自告别成长的失落感。

青少年时期的人们，身体和心智都在高速发育，不断前进，每一年乃至每一天都能看到实实在在的进步和成长。而随着青春期的过去，成长速度变得缓慢。随之而来的生活也没有二十岁左右那般精彩和刺激。

当我们习惯了青春期的那种高歌猛进的日子后，突然换到了相对稳定的环境之中，难免会对眼前的缓和显得无所适从，进而开始怀疑自己是不是"开始老了"。

是的，当你逐渐告别往日的刺激和新奇，把注意力放在越来越多的琐碎事之后，你就难免觉得自己老了。

其实呢，这未必是前进的脚步放缓，只不过基数的体量越来越巨大罢了。说白了，人生只不过是从野蛮生长的模式，切换到精耕细作之中罢了，我们需要跳出主观的错觉，站在客观的角度，审视自己在人生中的进步速度。

　　姑娘们说自己老了，可能还有对少女时代的一种惋惜，或者也是对于缔结婚姻、组建家庭的一种着急。坊间总是有一种看法——男性的魅力会随着年龄的增长而"升值"，而女性的魅力却会随之"贬值"。其实这种忧虑大可不必，从人类发展的历程来看，结婚的年纪本来就是逐步后推的。大量数据表明，受教育程度越高、社会越发达、医疗保障能力越完善，结婚的平均年龄就越大。男性也好，女性也罢，最大的魅力都是源自内外兼修。与其和自己的年纪过不去，倒不如花点功夫让自己变成一个更有内在美的人。当内在的积累到达了一定水准，你就会发现——岁月啊，其实完全不是事儿！我们完全不必因为自己的年龄而焦虑，给自己戴上枷锁，打算在职场里"混日子"——实际上，等着你们创造的辉煌，还多的是呢。

　　我们感慨自己"老"了的一个很重要的原因，就是在找借口。刚刚脱离家庭、告别父母，工作的压力扑面而来，行走在满是竞争的社会里，这份辛苦可想而知。惰性是所有人的本能，有的人能够战胜惰性，有的人，就只能懒惰下去。虽然道理每个人都懂，但曾经的热情和行动力却已消磨殆尽，想得太多又不肯动手去做，只能在那儿故作深沉地说自己老了。

实际上并非是你老了，而是懒了。说"老了"，只是给自己的碌碌无为找借口，并且有了这个借口之后，就可以继续碌碌无为下去，在本该努力奋进的年纪高挂免战牌，还要粉饰出一个与世无争的表象。

赴美求学这几年，美国西部老年人身上的那种不服老的精神，给了我很大的震撼。我曾在篮球场上遇到一位叫萨姆的老大爷，快七十岁的人了，爆发力依旧优秀，爱和我们同场竞技争个高下。我清晰地记得，一天早上，他带着两位老伙计组队，把我们三个小伙打得落花流水。赛后他告诉我："和你们打球，我从来不去想年龄，就是放开手脚往前冲。"

老大爷们还一身的激情呢，我们这大好的年华，满是青春，何谈衰老？

坚持还是放弃，其实就差一丁点

网络时代，"大牛人物"比比皆是，身边的成功榜样常常会让我们也想成为这样的人，并为之努力，但有些人努力一段时间后，发现方向出了错、方法有问题，内心会变得沮丧，开始怀疑自己，最终放弃。

缺乏毅力，是损害职场竞争力的首要内部因素，很显然，毅力这件事，还是属于心理学范畴。

毅力是什么呢？百度百科是这么说的：毅力也叫意志力，是人们为达到预定的目标而自觉克服困难、努力实现的一种意志品质；毅力，是人的一种"心理忍耐力"，是一个人完成学习、工作、事业的"持久力"。当它与人的期望、目标结合起来后会发挥巨大的作用；毅力是一个人敢不敢自信、会不会专注、是不是果断、能不能自制和可不可忍受挫折的关键。

虽然研究心理学不能单靠搜索引擎，但看完这段描述之后，我还是觉得很有收获，因为毅力不仅仅是"坚持到底"这么简单。这里面，需要自信、专注、果断、自律以及承受挫折的能力。

毅力是一个心理因素，对于毅力的培养可以分解成几个方面进行：

首先，我们要有明确的目的。培养毅力的第一步，是知道自己想要什么。如果不知道自己究竟是为何而战，那么这场战斗能打多久呢？我见过太多在迷茫中坚持的人，他们忍受着强烈的痛苦、承担了巨大的压力，可是，却说不清楚自己的这份忍耐到底是为了什么？这样的毅力，是没价值的，也承受不住任何挫折。

第二，要有强烈的动机。为什么很多人减肥失败？

不同领域的专家有着不同的解答，但从心理学这个层面来说，无非是动机不够强烈。如果说仅仅是为了穿一条过去的裙子，这个裙子值多少钱？又能给自己带来怎样的好处？似乎并没有那么可观。反之，如果对追求的目标充满强烈的欲望，就相对容易培养并保持毅力。

第三，要有足够的自信。毅力的保持，需要自我肯定，而前面我们也讲过：自信心意味着相信自己是对的、认为自己有能力做好事情。如果你在一开始就对结果将信将疑，那么我觉得还是算了吧，因为连你自己都在怀疑的事情，在遇到挫折时一定会很容易就放弃。我们没必要去坚持一件看上去没什么希望的事情，反之，如果你相信自己有能力完成，那么你的潜意识就会不停地来说服你，直至让你去坚持不懈地完成它。

第四，要有一个明确的计划。计划的作用是把一个体量巨大的挑战，切割成一个个的你能力范围之内的小块。

我们要坚持的事情往往都是比较复杂的，这时候你需要花点时间将其分解，从而制定出一个清晰、可行的计划。哪怕这个计划并不完美，也会让你更容易坚持下来。

最后，要找一个良好的环境。我们常常会说一句话：奇迹是被逼出来的。这句话就点明了环境对人的激励作用。这里的"良好环境"，可以是富有朝气的办公室气氛，可以是充满竞争和挑战的"斗兽场"。《孟子》里的名篇《生于忧患，死于安乐》就曾写道："入则无法家拂士，出则无敌国外患者，国恒亡。"

在这部分的末尾，我还是想强调一点：别把所有的指望都托付给外界，想要拥有毅力，你必须学会自我激励。

放弃的原因不仅仅是懒，还有"屄"。没有激励的坚持，是很难抵抗住外界压力的。

拖延症，立刻治！

实际上，很多焦虑就是拖延症导致的。

那么，到底是什么导致了我们的拖延症？

第一，要做的事情太多。

很多人认为拖延症是决心不够、习惯不好，但在这里我想给各位"拖延症患者"开脱一把——也许只是压在他们身上的事情实在是太多了。

简单的一两件事，我们总是容易快速解决的，可是事情一旦多起来，情况就不同了。人会在复杂的待处理事件清单面前滋生一种心态："债多了不愁，虱子多了不痒"。

也就是说，繁重的任务反而会让人拖延。

第二，时间节点的不明确、选择太多。

很多事情是有时间节点的，比如高考，比如某一个项目演示。在这些情况下，我们通常都会有具体的日程压力，在这个过程中，虽然可能也想过逃避，但内心总归是被催促着的。可是，还有很多事情是没那么迫在眉睫的，比如说你打算考某个行业的资格证，这个考试每个月都有一次，那么好了，这个月拖到下个月，下个月下下个月……正所谓"明日复明日，明日何其多"，一旦自己有了选择时间节点的自主权，拖延症就开始滋生了。

第三，轻重缓急管理失能。

这其实是很多职场新人的通病。新人虽然足够积极向上，也很想在目前的工作环境下做成一些事情，但难免会遇到很多事情同时找上门的情况，而新人常常"拎不清"到底哪些事情更重要，而把大量的时间花在了眼前琐碎的小事情上。

第四，社交的入侵。

在学校期间，我们有大把的时间，想怎么安排计划就怎么安排，但工作之后情况就不同了。

心法贴士——防止拖延症的几个锦囊妙计

1. 所有的仪式化都是为了继续拖延

很多人都讨厌无休止的会议，也不喜欢公司里各种无聊的仪式，很多职场人都觉得，搞这些事情就是在浪费时间，把很多精力无意义地给消耗掉了。但你有没有想过，自己行为习惯里的很多"仪式"，也是在浪费时间和精力呢？

没错，拖延症的一个很大原因，就是你不由自主搞出来的这些仪式。

举个例子：在家写报告之前，打算先玩一局游戏放松一下，结果激战一整晚，结束时，已经眼睛发酸哈欠连天；在背单词之前，打算想先去网上买个单词本，结果你先在淘宝上看了半小时，然后是抖音、微博……这些所谓的仪式，说白了都和任务本身关系不大，但"聪明"的你总会为之找到一些理由——我在开工之前放松一下怎么了？我既然要背单词难道不应该弄个好看的笔记本来显示隆重吗？

　　道理究竟在哪里呢？在你的潜意识里。虽然有很多任务摆在眼前，但是你的内心（即潜意识）还是倾向于逃避的，随后，你的思维就会努力服从潜意识，迅速思考转移的办法，安插好各种理由，经过长期的筛选，"搞仪式"就成了最容易通过考验的偷懒方法，因为这种方法很容易蒙骗住你表层的正当动机，如此一来，当初的努力下决心的局面，就偏向了被内心（潜意识的诱导开脱）和外部条件（比如那些想要谋求你花时间的各种社交软件）精心设计的骗局。

　　当你真的想要做成一件事情时，你是没有精力去搞仪式感的，一旦有了仪式感的念头，那只能说明你的内心是在抗拒这件事。所以此时如果你的理智还存留一点点的话，听我的，赶紧罢免这些杂七杂八的念头，直接着手于做事情本身。

2."别管那些，每天都给我一点儿东西。"

　　导致拖延症的第二个原因，是信心的缺乏，这种缺乏往往源自对手过于强大。

　　"老虎吃天，没处下牙，回身一躺，聊天喝茶。"

这样的描述你肯定似曾相识——多少次想弄个大计划，但当你着手去做的时候才发现，这个计划太大了，以至于自己难以在短时间内做完或者干脆不知道该怎么做，于是只能先搁置着，越搁置难度越大，最终成为无限的拖延，直至放弃。

怎么办呢？

你只能化整为零！

聪明的人懂得把巨大的目标切割分离，然后从基础到高级一步步去完成，这也是优秀的职场新人普遍具备的思维能力。做事情的能力、学习的能力总是有高有低，但你必须要具备把巨大任务分割成零件的能力，分析，切割，再分析，再切割……直到事情被切割成你可以吃得下去的小块（比如一小时内可以完成的小任务），行动的阻力才会不那么大，你才有足够的能量去面对困难，而不是一击即溃。

长征虽远，但我们总可以迈出第一步。

3. 床是你最大的敌人

之前看过一篇文章，标题叫《缺觉的中国人》，文章用大量的数据表明了中国年轻人（主要是职场新人）的睡眠严重不足。

可我依旧想说——床，是大敌。

首先请大家不要想歪，这里的床只提供睡眠休息的功能。

人一旦上床，肢体位置的改变会直接调整我们的激素水平，不管你是一沾枕头就能着的"速睡超人"，还是长期失眠、容易惊醒的"人形自走报警器"，体内的斗志都会懈怠。或许你是带着任务爬上床的（比如捧着一本书），但此刻的坚持力度已经开始在降低，即便是硬撑下去，效率也会大打折扣。

更要命的一点在于，一旦上床，你的很多"功能"就会被限制住——比如书写能力，这个时候就会变得很差。

这就好比战场中的军心动摇，当你不断开始丢弃兵器时，最终的大撤退也就在意料之中了。当这样的情况每天发生之后，你的拖延也就成为定局。

是的，睡眠很重要，但对于绝大部分职场新人来说，我们是没有资格享受充裕睡眠的。这就是比较残酷的现实，狼可以天天打盹，但对于羊群而言：要么睡死，要么存活。话说得比较重，道理就是这个道理。

如何快速进入职业角色

"专业"这两个字是有歧义的，这个词作为形容词时，表达的是足够胜任的熟练状态，而作为名词的时候，则是指学校里的求学方向。在讨论前者之前，我们先聊一聊后者。

在2016年，上海市教委发布的年度的本科"预警专业"名单，就对那些就业率差、市场需求少的高校专业来了一次"点名"，一方面是提醒学子谨慎报考，另一方面也是建议各高校尽量缩减招生名额甚至裁撤该专业。当时被预警的十大本科专业分别是：英语、国际经济与贸易、法学、工商管理、物流管理、新闻学、旅游管理、信息管理与信息系统、市场营销、行政管理。当时我看到这个新闻的时候还有些想不通——被警告的专业里，很多都是当时的热门行业，也比较实用，为何还是被警告了呢？后来我联系了一位私企的HR，这位朋友的解答，让我茅塞顿开。

"我们当然需要进来新鲜血液，可是你看看面试的时候，就觉得这些专业对口的学生还是不对路……往往面试一整天，也挑不到几个满意的——真要是遇到专业感觉对胃口的，我们还真不嫌多。"

一边是饱受就业压力的各个专业，一边是满肚子委屈连呼"缺人"的用人单位。这位HR负责人口中的"满意"和"专业感觉"，究竟是什么呢？

说起"专业"（professional），大多数人脑中的第一印象就是一位技术精湛的老员工，在谈笑风生间，庖丁解牛一般轻松搞定所有问题。这幅画面想必是很多职场新人所憧憬的未来。但对用人方而言，则又是另一回事，他们所需要的其实就是两个字——"胜任"。或者说，他们想要在应聘者的身上看到一种能够迅速投入工作的潜力。

职场"小白"的专业素质，首先在于能够掌握相关"琐事"上。不客气地讲，在与在校生交谈的过程中，我偶尔会感到一种自以为是的傲慢。不知道你是否听过这类言辞："我是英文文学专业的，不是活字典，那是词汇学的事情""我们研究的是人工智能，不是写代码""管理的趋势是大数据计算，打广告跑生意已经是过去时了"……

如果一位想当专职司机的求职者说"我能在闹市街头飙车，但不会换备用轮胎，也不会给水箱加水"，作为面试官的你将会怎么想？

"术业有专攻"不是"自废武功"的借口——尤其是当你"段位"还不够高的时候。任何单位和组织都不可能为一些鸡毛蒜皮的小事去设立专门的职位。能解决核心的技术问题固然关键，但搞定相关的基础工作，也是开展任何工作都无法回避的前提。

与人交流、合作的软实力，则是专业精神的另一种体现。分工是现代职业体系的总趋势，与人交流合作就变得无比重要，而这恰恰也是很多人所欠缺的能力。如果沟通不畅，即使面对简单的事情也会显得束手无策。反过来说，如果具备了良好的沟通合作能力，哪怕遇到困难，也不难找到"老司机"提点一二，利用他们的宝贵的经验帮助你更好地克服困难，实现能力提升。

　　面对这一现实，别急着把锅甩给学校——就算是对口就业的理工科博士，入职后又有几个能继续之前的研究课题呢？显然，校园教育不是包办一切的。课堂上的知识，实验室里的实践，说白了只具备两个功能——打下基础、掌握方法。

　　基于上述观点，我在此提出几点方法和建议：

1."无所不学"

　　最简单的办法，莫过于通过实践、实习等体验途径，观察和学习那些"职场老江湖"身上所具备的素质。一位好的实习生，往往在实习伊始就已确立了实习目标，然后带着这份初心去尽可能多地观察和思考，要知道，实习中所遇到的每一幕，将来都可能发生在自己身上。

2. 在学习管理之前，先学会合作

　　在课后向老师同学请教，在学生社团里和同伴们共同完成项目，在科研团队中把自己的工作融于整个课题，如是种种经历，皆为培育合作能力的沃土。所谓人情练达，并非阿谀奉承，而是让对方感到自在，令伙伴受到尊重，为集体创造价值。

◆ **情绪自由**

当然，不论事前如何精心准备，在面试时或入职后还是会遇到各种始料未及的挑战。这时心态就很重要了——不论"出身"如何显赫，都请牢记你是一位初学者。这份谦逊而敢于行动的心态，才是最关键的品质。有了这个心态，新人就能更好地在实践中发现问题并迅速适应和解决。心态的差异远非一纸证明所能表达，但在资深HR的眼里，三言两语就足见端倪。

回归本质来看，不论是职场还是生活，不论就业还是创业，道理都是一样的——解决问题、赢得青睐、提升自我。不论是在求职时还是就职后，综合专业实力的竞争，都已不再是成绩榜单上的数字争夺战。面向应用的专业化素质，才是你最可靠的"护身金牌"。

‹04›

应对焦虑的4个简单方法

有意识积累，造就"万能达人"

前段时间，在我授课的休息间隙，正和学员们坐在飞行教室里聊天时，我的手机突然响了——机场那边来了两位外国客人想要了解我们的飞行业务，前台值班的同事焦急求助："这两人说的似乎是英语但又好像不是英语，你赶紧过来帮忙翻译一下好不好？"

我放下手机立刻出发，对两位来自摩洛哥的客人用英语夹杂着法语做了一番介绍，很快搞定了状况。回到教室聊起刚刚的事情，一位学员略感惊讶地问我："你怎么什么都会啊！"

我抬起头和他解释："当翻译是我一直以来都很感兴趣的事情。"忽然间我又想起来什么，接着说："但兴趣爱好不等于特长，可能有很多人也对这事儿感兴趣，不过呢，在他们那儿翻译只是个兴趣，在我这里，不仅仅是兴趣，而是特长。"

这么一番评述之后，我觉得不太好，似乎过于自鸣得意，但这位学员身上的类似感觉，我也常常有。实际上，很多"大神"在我眼中的样子，就像是我此刻在学员眼中的样子，大概每个人身边都有这样的朋友：

他似乎什么都懂，不管你聊什么话题，他都能加入聊天并且侃侃而谈；他似乎什么都会，不管是遇到了什么问题，他都能快速想到解决方法；他似乎什么都学过，不管是面对什么任务，他都或多或少有过类似的经历。

每个人的一天都是二十四小时，大家都是相似的年纪，为什么有的人就能掌握这么多的知识和技能，而我却不能呢？

实际上，造成这种个体差异的并不是每个人的天赋有多大差别。如果你也想要成为这种"万能胶水"一样的职场人，可以在日常生活中进行特长训练——我称之为"有意识积累"。"有意识积累"是说，如果我们对自己的能力培养有一个明确的目的清单，那么在经历各种各样的事情时，就能不由自主地择取其中有价值的部分，你的注意力会更加集中于这些有价值的部分，并且逐渐强化到对应的目的上。

每个人都会对大量的事情感兴趣，但为什么有些人就能够把这些兴趣发展成为特长呢？这就是"有意识积累"的神奇之处了。所谓"有意识积累"学习策略，简单来说，就是五个字——做个有心人。

这种学习策略的最大好处是低成本。你不需要专门拜师学艺，也不用花钱去报考什么辅导班，而是把学习过程放在日常生活中。所以，"有意识积累"是最好的学习策略。

举个例子：如果你想当一个出色的厨师，那么在用餐的时候，就会比其他人更加关注菜式和加工技法，这样一来，每一次的用餐都像是进行了一个小培训。你在厨艺方面就能够领先于大部分人。

　　由于这种"有意识积累"的行为不是人类的自发本能，所以你得花一番心思才能走上正确轨道。这里面的心理学基础理论就先不提了，直接奔着实用去就好。想要完成"有意识积累"，你必须要先弄清楚一件事——兴趣爱好不等于特长。

　　什么是特长呢？我们在投递简历的时候，往往会附上自己的兴趣爱好和特长。但是"兴趣爱好"和"特长"其实是两件事。兴趣爱好就是喜欢做的一些事情，而特长则是你相对他人更擅长的一些技能。有些爱好天生不太可能成为特长，有些特长似乎也很难让人感兴趣。当然了，抛去一些极端的例子不说，绝大部分的特长都是可以成为兴趣的，而且这些特长的形成往往也始于兴趣。伴随着有意识的日常积累，你所追求的目标会越来越清晰，也能够不断发现自己还缺少什么，在日后可以继续有针对性地积累下去。如此良性循环，想要没特长也难啊！

竞赛，激发技能达人

竞赛有时候是残酷的。

从上小学开始，我就一直觉得竞赛是个挺有意思的东西，征文比赛、奥数竞赛，除了有些时间分配上的困扰之外，并不会对我造成什么阴影。所以我一开始并不认同这句话，直到我读到大二。

那是一次分析化学的实验课，我们在学习各种化学物品的滴定分析操作，老师告诉我们，在很多化工厂都需要类似的滴定分析，他们会针对滴定分析精确度搞技能竞赛。他说："这类比赛看上很普通，但实际上输掉这些比赛的人会被扣工资，甚至会丢掉工作。"从那之后，我才开始逐渐意识到竞赛的残酷性。

不过，大部分情况下，竞赛没这么吓人，而且其好处要远远大于坏处。

首先，竞赛可以聚集一帮志同道合者。

主题明确的竞赛，可以帮你筛选同好之人。在这类竞赛中，敢于报名的人，多多少少是在这个领域有点儿"法宝"的人，你们交流起来也更有共同语言。

第二，竞赛是暴露自己问题、学习他人长处的好机会。

我们在篮球队里集训的时候，有个说法叫作"以赛代练"。倒不是说单纯的训练没有意义，只不过，比赛能够为我们的训练提供更多的指导方向，而且，有了成败得失的心态，训练和学习的动力也大大增强。

第三，竞技活动本身就有一定的对抗乐趣，这能让我们不那么无聊。

所以，竞赛有什么不好呢？如果你想要在某个技能领域更加快速全面地提高，那么不妨试试参加相关的竞赛。

赢了有动力，输掉也不是多大事情——最不济，你还可以说一句"友谊第一，比赛第二"嘛！而且别忘了，一旦你全情投入到这种竞赛之中，你的焦虑，基本上就没有什么发挥空间了——焦虑是什么？对不起，早就忘啦！

焦虑也是"免疫力"

前面也介绍了一些避免或者战胜焦虑的办法。但是，我们看任何事物都得全面、客观地去看它。

我们怎么看待焦虑呢？

焦虑实际上也是一个好东西，所以我并不提倡完全扔掉焦虑，因为焦虑对我们也是有很多积极作用的。从大的方面来说，焦虑是保护我们生存下来的一个必要的条件，它就像我们的免疫力一样。

对医学有一定了解的朋友都知道，人体的免疫系统是经过漫长的进化才得到的一个综合的、高级的功能。当我们的身体发现一些有威胁的病原体输入并造成危害之后，就会激发我们体内的淋巴系统对它进行抵抗，这就是特异免疫行为。

而焦虑呢，它的原理也非常相似。当人类面对一些自认为有难度或者说有攻击性的事情时，就会激发出自己本能的一种心理运作机制，这种机制可以理解为是一种防御手段。在这种情况下，焦虑感开始大量地提升你的思考强度，让你变得更谨慎，从而更重视这件事情。一旦让你思考强度提高了，就可以让你有意识地加强自己的各方面的准备，所以从这个角度来说，焦虑也算得上是一件好事。

现如今，人们的焦虑感普遍比较高，所以在这种客观情况下也催生了很多所谓的治疗焦虑、抵抗焦虑的一些心理工作者。在这里呢，我不想做一些负面的评论，毕竟我也算是其中的一员。但是我也想提醒每一位读者——焦虑，它也是我们心理系统中不可或缺的一部分，就像人体不能没有免疫系统一样，我们也不能完全扔掉焦虑，正所谓"人无远虑，必有近忧"。

‹05›

这虚荣心总是作怪

　　每个人都有虚荣心，虚荣心是很正常的现象，但它的存在，不但导致了很多不必要的花销，更为我们的工作和生活带来了极大的干扰。很多人为了虚荣心，甚至做出有悖常理的事情，不但害苦了自己，还连累了别人。

　　首先，虚荣心源于自尊心——我们希望得到外界的认可，并获得更多的尊重。

　　但所谓的面子，一旦扭曲了，就会演化为虚荣心。

　　很不幸的是，不论是在职场，还是我们的日常生活里，诱导自尊心扭曲发展的因素都无处不在。很多人，尤其是内心"道行"尚浅的职场新人，在强烈自尊心的基础上，很容易沦为虚荣心的奴隶。

为什么我们要远离虚荣心？它真的有这么可怕吗？

没错，虚荣心的危害在于，它会让你逐渐落入错觉——在内部的不断自我强化和外界环境的配合中，谎言重复一万遍，就会变成你以为的事实。这时候，人的状态就像是一个不断被吹起的气球，越涨越大，一旦被戳破，后果不堪设想。

怎样才不会被虚荣心绑架呢？

首先我们得能够准确识别虚荣心。尊严和虚荣有明确的判定界限。这个界限就是真实和谎言的界限。

如果我们想要去捍卫一些真实存在的东西，那么我们的心态就是自尊心。反之，如果我们想要去达成一些我们原本不存在的现象——比如你只有三十万，却希望别人认为你有三千万，而且还拿不出明确的理由——那就是典型的虚荣心。

其次，对于大部分人来说，还是应该在工作中注意自己的心态塑造——强化真实的心态，否定作假的心态，这样就能避免给自己套上"偶像包袱"，防止用一个谎言来圆另一个谎言，从而把自己一步步"逼上梁山"。

　　人的面子是自己挣来的，虽然爱惜面子是必要的，但是你的面子是否牢靠，还要取决于外部环境。如果遇到职场里那种所谓的"铁娘子""魔鬼教头"。他们是不会在意别人面子的。关于这种不在意下属面子的领导，如何与他们相处，我们会在后面进行专门表述。

‹06›

三十岁前，请戒掉你的完美主义

在众多处世的态度中，有很多所谓的"主义"或者"精神"，在这之中，我认为"完美主义"是最骗人的了。当你进入职场，大概都不用超过24个小时，聪明的人就会发现完美主义是无法实现的一个美好愿望。最起码，"完美"二字是不存在于技术性工作中的，是仪器就会有误差，绝大多数结果会和预想的"剧本"有所出入。如果这时候你还抱定"不达完美不罢休"的执念，那么对不起，等待你的将是一盆冷水。

那些所谓的完美，很多时候只是一种自我鼓励，在客观评价上并不能站得住脚。不要说达到这种完美，哪怕想要去接近它，你都得为之付出更多的工作时间和精力，而这些工作时间和精力，原本可以用来做其他事情。

你可以在艺术创作里搞一些吹毛求疵的个性，也可以在个人生活中有着独特的坚持，但是工作是一件对外的、集体化的事情。我们拥有的时间、资源并不是不计成本的。

理性的人，不会盲目地追求"完美主义"，尤其是在科技界，真正的完美是不存在的：

加工中有没有绝对的光滑平面？没有。

试剂能否达到绝对纯净的级别？不可能。

程序优化是否达到绝对可靠的地步？恐怕不是……

对于这些高度依赖于理性的行业而言，如果非要等到绝对完美的结果，结果只能是黄花菜都凉了，其间所涉及的巨大经济代价、时间代价，显然是承受不起的，这时候所谓的"完美主义"，只能是一种灾难。

所以我一直强调，一般情况下，我们需要的不是完美主义，而是"合格主义"——当我们工作的成果或质量足以达到一定的标准时，你就要学会放手，而非对着这一件事没完没了地纠缠。

‹07›

不要成为一个固执的人

当我们遇到一个情商低的人时，常常会发现这类人不善于变通，接受度较低，也就是说这个人比较固执。被固执害惨的人可以说不计其数。

执，指的是人们在认知过程中无法将客观与主观、现实与假设很好地区分开来。如果将自己这种已有的经验驾驭现实之上，并过分固化的话，就产生了执迷不悟。

固执的起源

人为什么会固执呢？

固执的首要原因，是你不认为自己错了。稍微往深处说一下，美国心理学家费斯汀格在解释人的固执的心理时，认为固执是由"认知失调"导致的（这里还有一个"费斯汀格法则"应该也会用得到，即生活中的10%是由发生在你身上的事情组成，而另外的90%则是由你对所发生的事情如何反应所决定。也就是说，日常生活中我们能够掌控的事情仅仅只有10%。也就是说我们也只能在这10%的空间里聊固执了，其他的你短时间内难以改变）。

在这个观点内，我们可以发现每个人都会遇到信念与现实发生冲突的情况，此时就会导致认知平衡失调，此时，人们会感觉难受从而想办法来恢复心理平衡。恢复平衡的方式有两种：一是承认事实；二是找到一个理由来维持平衡。后者就是我们所说的认知失调——即当你做决定采取行动或者遇到跟你原先预想的不一样的信念、情感或价值观后，引起内心冲突，所体验到的一种心理状态。

固执的存在，首先能够归因于"理由不足效应"。所谓的理由不足效应，就是指：如果我们的行为不能完全用外部报酬或强迫性因素来解释，我们就会体验到失调——我们可以通过相信自己的所作所为来减少不协调。它与过度强化导致的固执正好相反。这种情况下的固执，其实也算是一种本能性的补偿操作。就比如把九个拧紧盖子的杯子和一个半拧紧盖子的杯子同时交给一个人，一旦这个人感受到了那个半拧紧盖子杯子的不协调，就会不由自主地想要去把这个杯子给盖上。

个人认为，固执其实可能还是一种心理防御机制。固执并不是完全没有积极意义的，适度的固执，其实也就是"坚持不服输"的奋斗精神，但这种坚持奋斗的精神一旦过度，就会演化为一种"偏执性人格障碍"，究其原因，在社会当中，越固执的人，自我保护本能就越强，这种本能又会被毅力所激发。

所以，我们在尝试扔掉固执的时候，首先要让自己跳出来，分析清楚对与错，然后判断是否值得继续坚持。

改善固执

　　但是，即便是意识到自己错了，我们依然要去面对"心理惯性"的困扰。大脑里的更新，往往不能直接体现在行为上。比如说"我明明知道错了，但是就是管不住自己的手"，类似这样的情况，其实每天都在我们身上发生。

　　人体是一套复杂的系统，大脑的浅层思维只是其中的一小部分，大量潜意识里的行为习惯、已经养成的条件反射，都会像训练有素的军队，一听到号令就努力往前冲，根本来不及考虑这声号令究竟是对是错。

　　那么怎么办呢？

　　首先，我们需要"逆向训练"。所谓逆向训练，就是将过去的固有习惯进行反向剥离的过程。比如，如果你总是不懂得拒绝别人的要求，那么就要有意识地去拒绝一些事情……类似的行为，是我们比较容易想到的校正方法。

　　如果想要更多的解决方式，就要继续走进人的内心了：既然我们说固执其实是有着人格基础的，那么想要完全改变几乎是不太可能的。但是就像前面所说，固执说到底也是一种认知障碍，我们只需要在日常与人交流的过程中培养一种自主意识，当有人试图说服我们的时候，固执的人往往会被内心的另外一个声音所占据，我们需要做的就是一次次与脑海中这个固执的声音进行"认知辩论"，用尽可能客观的方式平衡与调节。

为固执敲响警钟

跳开心理学的层面，仅在普通的日常生活之中，因为固执所导致的冲突和悲剧也是数不胜数。

人为什么会固执？

在这里我不想做太多的研究，我只想告诉大家，固执是多么的可怕。

虽然说固执和焦虑很类似，而且固执还可以让一个人在前期获得更多的能量，拥有更快的前进步伐，这些都是固执带来的好的方面。

我对于固执和焦虑完全不是一样的态度。这是因为，焦虑通常不具有攻击性，自我巩固的趋势也不强烈，可固执就不同了，固执通常也会给他人带来伤害，尤其是亲近的人。

而且固执会随着时间越来越强烈。如果一个人带着固执一直往下走的话，结局一定会非常不容乐观。

前面我们也说了，固执是一种心理防御的机制，或者说，我们每个人多多少少都会有一些固执。那固执本身也不是一件坏的事情，我们完全没必要为此战战兢兢。真正重要的事情是，在你不断前进、不断成熟的过程中，如何逐渐去减少固执的成分，最终把它控制在一个合理的范围之内。

有句老话叫"听人劝，吃饱饭"。在过去的农耕时代，大家普遍敬重富有经验的农业种植者，也就是老农民，他们会给出很多的预测和经验判断。对于一个刚刚学习种地的人（农业新人）来说，如果能够多听这些老农民的劝的话，收成就会有所保障，自然就能够吃得饱了。而那些肆意妄为、不听劝的种植新手，有可能就会因为一次旱灾或者病虫害而导致颗粒无收，就会饿肚子——这就是"听人劝，吃饱饭"这句话的来源。

在现代生活中，虽然我们不是所有人都需要去种地，但是潜在的、无形的"收成"还是每个人都需要的。

在做事的时候多听听过来人的建议，其实是有很多益处的。毕竟，农场的新人需要指导，职场的新人也一样，在农场，你不固执的好处是可以收获庄稼和牲畜，在职场，你不固执的好处同样非常丰厚——你将会得到更多你想要的。

‹08›

凡事想想为什么，如果不做会怎样？

前面提到了"固执"，我们就沿着这个话题来说说如何"想通"。

我们为什么要汇报工作？我们为什么要写总结？我们为什么要开会……类似的很多问题似乎很无聊，但认真思考过这些问题的人，往往就不容易钻入"牛角尖"之中。遇事先想为什么，这是一个非常富有价值的职场心理习惯。

如果一件事，会让你纠结做还是不做，那请你暂且相信我，首先请不要着急做，因为你的潜意识并不会让你做好这件事，这时候你需要思考一番。

这么说似乎又不是太对，人类的进步源于不断的尝试，如果都保持这种态度，那么很多人岂不就止步不前了？话题还是要回到——你为什么会纠结"做还是不做"。

你之所以会纠结，是没能对做这件事的投入和产出进行有效的评估，很多事情并不只是它表面上所显示出来的价值。举个例子：打篮球本身可以健身、减肥，这就是表面的价值，但它实际上的价值却远远不止如此。我们通过打球可以锻炼自己的心肺功能，培养自己快速的反应能力，而且团队间的彼此配合，还可以锻炼自己的合作能力和大局意识。同时，你还可以通过这个平台认识更多的朋友，同时，两队对抗，可以让你有更好地面对挫折、战胜挫折的能力，也进一步激发了你的竞争欲望和上进心……

类似的好处，不胜枚举，展开了说可能还得好几页纸。所以说，当你评估一件事的时候，你也得先问问自己，我真的做了完全的收益和风险评估了吗？当你做了各种各样的评估之后，你还是犹豫、纠结，那么再回到这段话的开头，等一等再做也不迟。

如果遇到了不得不做的事情时，不妨想想"我如果不做这件事，会怎样？"这不但是防止你遭遇固执的职场心

‹09›

维系好你的职场情绪

如何在复杂情况下保持工作效率？

在飞行科目的设置上，有一个术语，叫作"复杂气象飞行"。这个术语源自军方航空兵，是指在天气情况不利的时候，继续保障安全飞行。在工作中，难免也有类似的"复杂气象条件"，我们显然都希望自己在各种情况中都能够不受影响，维持一个良好的工作情绪，但是，究竟该怎么做呢？

关注于局部过程，而非最终结果。

在面临大事件、高压力的时候，人的情绪更容易失控，尤其对于职场新人来说，此时控制情绪是很有挑战的事情。相对于职场，职业体育赛场上的类似的关键时刻也是会频繁出现的：一个球，往往就能决定一支球队一年的成败，可想而知，情绪控制对于职业运动员们来说，必然是一个重要的素质。我们来看看运动员们是怎么处理这种情况的吧。很多赛前采访时，我们总是能听见运动员说"我不去想太多，就专注于比赛本身，将球打好就行了"，实际上这番话就是复杂情况下控制情绪的最好办法。

关于情绪控制，有个著名论断"瓦伦达心态"。它缘自一个真实的事件。瓦伦达是美国一个著名的钢索表演艺术家，技术非常高超，在不系保险绳的情况下也能完成高空走钢索。有一次在为重要的客人献技时，他却发生了意外。当时，到场观看的有很多美国知名的人物，所以这一次的演出成功不仅能让他在马戏界声名大噪，还会给马戏团带来前所未有的支持和利益。但令人始料未及的是，他刚刚走到钢索中间，仅仅做了两个难度并不大的动作之后，就从高空中摔了下来，不幸殒命。

事后，他的妻子在悲伤中描述到瓦伦达的反常——"我知道这次一定要出事"。之前每次成功的表演，他只是想着走好钢丝本身，不去管后续的结果和其他事情。但这一次瓦伦达太想成功，过于患得患失了。如果他不去想这么多走钢索之外的事情，以他的经验和技能是不会出事的。

类似的情况还发生在著名射击运动员马修·埃蒙斯身上。埃蒙斯出生于猎人之家，射击可以说是祖传的技能，他也曾在2001年世界杯一人包揽男子步枪三个项目的金牌，随后又获得了2002年世锦赛卧射冠军、2002年国际射击运动联合会世界杯冠军、2004年国际射击运动联合会世界杯冠军。

看到这里你肯定也在想——这位射击大神拿了这么多冠军，为何没有奥运冠军呢？

马修斯并非没有参加奥运会，实际上他还多次进入决赛，但是，他在奥运会上总是会因为最后一枪的失误而错失金牌。2004年，在雅典奥运会男子步枪三姿决赛上，他前九枪领先对手3环之多，但最后一枪居然把子弹打到了别人的靶子上，把近在咫尺的金牌拱手让给了中国老将贾占波。在随后的北京奥运会、伦敦奥运会上，他一再上演这个剧情，在最后一枪打出非常糟糕的成绩，可谓"有金牌选手的实力，但是没有拿金牌的命"。

我们不知道马修斯在决赛最后一环时想了什么，也不知道瓦伦达当时走钢索的心态起伏，但是，心理学用无数个实例和理论推导告诉我们——在"大场合"来临的时候，你需要专注于事情本身，而非这件事可能带来的结果，唯有如此，你才能把事情做好——起码能做得和平时一样好。

知情带给你勇气

说到关键时刻的"心理崩盘"，就不得不提及一个现象"未知恐惧"。

虽然我们常说"无知者无畏"，但这句话描述的是人对危险毫不知情的时候，那种没有预料到困境的勇气。在职场中的绝大多数情况下，我们不可能完全无知，所以，真正让你勇敢的，是知情。

也许很多人都有过类似的感受——如果让你蒙起眼睛在空旷的操场上走路，即便周围没什么人，你也会患得患失、小心翼翼不敢迈开步子。一旦把眼罩取下，那自然就可以放心大胆地自由奔跑。这其实是源自我们的一种生理本能，是经过亿万年自然淘汰所留存在基因里的反射机制。但如果不想被这种恐惧所支配，就应该尽可能地让自己知道更多的信息，这就好比取下眼罩、睁开眼睛。所以，我们应该不断学习，不断积累经验——因为这些知识和经验，能在关键时刻给我们带来勇气。

说到这里，又不得不再次强调一下"训练有素"。

训练不仅仅可以让人的动作变得更加协调和娴熟，而且还能一遍又一遍告诉你：这件事情的进展情况是怎样的？它会出现什么结果？一个经受了良好训练的人，自然就能够产生丰富的"知情储备"和预判能力。有了这些，勇气也就有了产生条件。他不论是从自信心上还是在最终效果上，都将有更好的表现。

◆ 情绪自由

　　当然了，这里面我们也必须强调——这种训练需要一种有目的性、有针对性的、系统化的训练，因为盲目训练后，人的感知觉并没有得到充分的调动，在这个时候你消耗了时间、消耗了成本，却并不一定能够带来足够的"知情"。那种反复的、无意义的训练循环，并不能给你带来额外的勇气，反而会使人产生沮丧消极和否定的情绪，所以，接受训练尽可能要正规，这个正规不一定非要花更多的钱，也不一定要请专职教练，但是你还是得多花心思。

不被带跑偏的智慧

　　情绪，不仅仅是一个人的内心过程，实际上，我们的情绪经常会被他人和外界所影响，甚至被控制。
　　曾经有一个有趣的实验：

　　　　一张一美元钞票，竟然能够拍卖出六十六美元，而且，这张钞票，只是一张普通的一美元，并没有特殊的收藏价值。这个游戏的拍卖规则有些特殊——每次叫价的增幅以5美分为单位，出价最高者能得到这张一美元，但是，出价最高和第二高的人，都要向拍卖人支付出价数目的费用。

正是这个规则，见证了人的情绪中脆弱和负面的部分。一开始报价没什么，都是几美分的增加，但经过几轮博弈之后，价格开始逼近一美元，全场也只剩下两位竞拍者还在不断提升报价，当其中一位价格达到一美元后，情况出现了微妙的变化——两位竞争者沉默了一会儿，发现情况有些不对劲，不论是谁赢得竞拍，都已经无法盈利。

但是，出价第二的人不但无法盈利，还会白白损失自己的叫价，所以，竞拍价格又不断开始走高……

在"一美元拍卖"的多次实验中，研究人员发现：最初人们的出价是因为有趣或者有利可图，但是随着价格接近一美元，大家开始意识到这个规则其实是个陷阱，但已经难以全身而退。这时候就试图通过继续加价来迫使对手退出，但

◆ **情绪自由**

每个人都这么想，结果价格不断攀升。最后，当价格非常高时，竞争者变得焦虑不安，并且深深后悔，觉得自己很荒唐，但是已经难以自拔。这种心理正是人类在很多现实状态下心理的一个折射。例如，有的人只是觉得想尝试一点儿趣味而参加赌博，结果不幸输了一些钱，于是又继续加注希望在下一局赢回来，但结果是越赌越输，越输就越想从赌博中捞回，进入恶性循环状态，直至最后输得精光。

这个实验在美国几所高校进行了多次实验，最终的报价竟然高达数十美元。以远远大于一美元的代价去竞买这一美元，显然不是明智之举，但这些名校的学生依然做出了这样的举动，可见人会被这种情绪所"绑架"。从一开始，就不应当加入这个骗局中，避免自己不断被人带跑偏，最终陷入"从糟糕和更糟糕之间做选择"的被动局面中。

在生活和职场中不要固执，因为"听人劝吃饱饭"。

但是，在这里还要提一下"不要被带跑偏"，就是不要别人劝什么就信什么。从表面来看，好像很矛盾。其实两者完全不同，在这里给大家几个区分的标准，让你可以快速判断什么是带跑偏、什么是听人劝。

　　首先，你要了解对方的利益牵扯，如果说对方和你之间的利益牵扯非常小，那么对方想要把你带跑偏的概率就会大一些，而如果对方和你的利益牵扯是多方面交织的，对方就不会轻易地做一些伤害你、欺骗你的事情。

　　这个时候他给出来的一些语言很可能就是一种良性的劝导。反之，如果对方仅仅是跟你做"一锤子买卖"，今后基本再也没有相遇的可能了，那我们在听其劝告的时候，就不得不留心了。

　　当然了，区别"听人劝"和"带跑偏"这个事情的关键还是在你自身。只要你有足够强大的分辨能力，我想这一切都不是问题。咱们如何去培养这个分辨能力呢？你可以听其言、观其行——所谓的听其言，就是不仅仅听对方说了什么，还需要听对方没说什么。在一个推销工作者的口中，只要你给其足够的时间，他一定会把产品所有的优点都淋漓尽致地说出来。同样地，他没有说出来的部分基本上都可以暂时推定为缺点。

　　同时，我们也可以通过这个人的语言风格去观察他的一些性格。一个直爽的、真诚的推销员，他的语言氛围是可以被你感知的，反之，一个人的虚伪做作也是能够被感知的。不仅仅是语言，其行为也是可以被观察的，比如美剧《别对我说谎》。通过这些动作，你也能够看到对方是不是真诚，是不是训练有素，是不是足够的专业。

如果说非要给"听人劝"和"带跑偏"之间画一个界限，"臣妾"还真是做不到！因为这无法给大家一个特别简单粗暴的、公式化的东西。更多的时候，是一个人在坚持和固执、听人劝和带跑偏之间来回地摆动。

很多时候，我们要学会在不断变化的过程中找到一个最佳的平衡，从而让自己的风险尽可能地降低。

第三章

语言：情商高，就是会说话

｜会说话，会听话｜

语言，作为传递信息最为高效、便捷的方式，在整个人类社会的进步中都扮演着重要的角色。

一句话得罪人的例子，在职场中比比皆是。正是这些例子，给了广大职场人学习如何说话的动力。如今我们打开各种 App 之后，就能看到很多教你说话的课程。我不去评价这些课程好还是不好，也不打算给大家推荐什么课程，只是觉得这种课程的出现是个好现象——起码更多人开始重视语言的使用了。

但是，在聊如何说话之前，还是得先说说如何听话，我的意思是：怎样正确地理解别人的语言，怎样从语言中恰当地识别对方的意思。

‹01›

为什么你说的话别人听不懂

就在前几天，带着几位同事一起去附近的早餐店吃早饭。豆浆端上来之后，主任姐姐对新来的机械员小伙子说："你要不要拿个勺子？"机械员小伙子一脸蒙圈儿："啊？什么……哪……哪边潮湿？"我哑然失笑，他们之间的空气突然安静而尴尬了起来。

在我这个旁观者听来，主任姐姐的发音足够准确，也没有什么方言口音，而且在豆浆端上来的时候，互相递勺子是我们经常做的事情，这句话理解起来非常容易，但这位机械员怎么就听不懂了呢？

问题就在于，虽然我和主任都经常一起吃早餐，但机械员兄弟却是第一次和我们一起吃早餐。他并没有融入我们经常发生的语言环境之中，粗糙一点儿来说，他还缺乏一些默契，所以跟不上我们的语言节奏。

其实类似的"尴尬瞬间"案例还有不少，每个人都会有很大概率遇到。每次遇到这种情况，笔者都会在内心高呼一句话：

怎样去听懂对方的表达，哪怕是很平常的一句话，其中也有很大的学问。

如何去听话？人在什么时候容易听不懂别人的话，这些问题的回答，都对应着一些语言心理和表达方法。

首先，在对方开始表达之前，你应该对他（她）形成了注意。

此处的"注意"是指：

1. 你意识到了对方的存在。

2. 你能预想到对方将要开始说话（或者说你做好了对方随时说话的准备）。

有了这两点，你就能很快地进入状态，做好了捕捉对方信息的准备。如果说没有做到这两点，那么你可能会陷入一种意想不到的状态（比如说吓一跳），而且整个神经系统也需要额外的调整时间，这些都是你理解力的敌人。

其次，在对方进行表达的时候，你需要明确周边的客观环境，并且尽可能地和对方同样了解眼前的环境。如果说你比对方更了解当前环境，通常你这边就不会出现理解出错的状况。反之，如果对方比你更了解环境，那么你就要有所准备，因为对方说某些事情的时候，是顺理成章的，但你可能没有概念。

而且，在对方进行表达的时候，你最好能看到对方的面部表情、肢体动作和重音。和冷冰冰的机器人语言不同，人的语言是从说话者的心理出发，然后转换为声音信号输出的。这个声音信号，伴随着很多信息，比如语气和附加的肢体动作，所有这些信息整合起来，才是说话者内心想要表达的内容。我们在听的时候，也尽可能地要把这些附加信息都吸收到。这里有个有趣的案例——"爱一个人好难"。虽然只有六个字，却有很多解读和歧义，但只要你搞清楚重音的使用和识别技术，就能弄清楚对方究竟在说什么了：

爱一个人好难：对方可能比较冷酷，去爱一个人不容易，但是会轻易恨一个人；爱一个人好难：对方可能比较花心，会同时爱好几个人，想专一地爱一个人，不容易；爱一个人好难：对方可能更喜欢动物或者物品，但是对人就比较糟糕；爱一个人好难：对方是在表达爱这个人的不容易。实际上，听《爱一个人好难》这首歌，分析歌词之后，你会发现作者所表达的是这个意思，既不是冷冰冰的扑克脸，也不是花花公子，也不是恋物癖，只是在陈述这种艰难的过程和为难的心情。

换言之，作为说话的人，想要让对方更容易听懂你的话，也要遵循上面的几个方法，努力给对方营造理解你语言的环境。作为一名曾经的老师，现在的教员，我非常注意这些表达的心理要素，努力让对方能够在知识信息不对等的情况下，也能够充分地理解我的表达，并且转化为他们自己的知识和技能。

在飞行教学中，由于教员和飞行学员之间往往存在很大的飞行经验差距，所以很容易出现类似于一开始机械员"递勺子"的理解不准确情况，这对于飞行学员理解和学习是不利的。

所以，我们飞行教员在飞行教学中，要尽可能站在学员的飞行经历上来说话，避免出现过于抽象的语言，尽可能把话说细、说清楚。

飞行学员去听也是有要求的，就是不要不懂装懂，避免自我猜测教员的意图，以防有误解。这样的策略完全可以适用于职场，做领导的需要说仔细些，做下属的需要多问多证实，彼此间的沟通就不容易扭曲。

多说一句：在飞行中出于安全考虑，是要高度讲究表达的清晰和收听的准确的，而在空中管制过程中，由于电波传播的复杂因素，难免会出现信号失真和衰减，再加上人们口音的不同，就会发生误听差错，因此，我们在进行陆空通话之间有一个"复诵"要求，即对方说一句话后，我需要重复这句话给对方听，以确保信息没有被误读。同时，我们对容易混淆的字眼都采用了不同的说法。

‹02›

让对方把话说完

懂得察言观色，是职场高手的必备能力。作为缺乏经验和人生阅历的职场新人，应该如何提高自己分析判断环境的能力呢？

长期的方法自然是很容易给出的：我们要努力增加自己的阅历，积极地寻找机会提升自己、锻炼自己。

但是，短期内的提高也并非束手无策，这里有几个建议给大家：

第一，多接触工作的各个环节。

医院的医生刚刚入职时，通常会有一个"串科室"的阶段安排。在这个阶段里，新入职医生要去各个科室见习观摩。这种"串科室"的安排，能够在短期内提升医生的全局意识，也保障了各个科室、各个岗位之间的准确、高效协同。

职场新人也可以寻觅机会，去感受和观察部门内外各个岗位的工作日常，如果条件允许的话，甚至可以动手参与他们的部分工作。对于自己工作岗位的上下游，也是一样，如果你是个矿泉水瓶的研发岗，你可以去上游了解塑料制品行业，去下游了解瓶装水销售行业。这样，在聊到相关技术问题和商业谈判的时候，就不至于显得那么一问三不知。

第二，早一秒加入对话，多一分主动心情。

在多人制对话里，后加入的人往往理解能力最差，这是由于后加入的人需要一个额外的热身过程，才能对已经形成的语言环境有比较全面的理解，但是，往往在这种多人制对话里，不会专门安排时间给你热身。所以，我们要尽可能地在一开始就加入一段对话，避免自己后期"云里雾里"。

同样的道理，一个工作，也是一开始就接手比较好，半途插进来，难免容易消耗更多精力。凡事宜趁早，这在说话、听话方面也是如此。在必须半途插入某个工作的时候，就看谁平时多听多看多留心了。

第三，让对方把话说完。

我曾经看过一个访谈类电视节目，其最大的特色就是访谈时间很长，节目策划人也说了："让他把话说完。"这样，就不至于让对方急匆匆地表达，因为短促的表达无法承载太多信息。就比如说"你去买几瓶水"这句话如果是领导交办下来的，你不妨等他继续表述，到底买几瓶、做什么用途、买什么牌子的……如果领导没说清楚，你再去问。所以，这等待几秒让领导说完的时间，就富有意义。

‹03›

不懂讨价还价，要么累死，要么出局

　　"讨价还价"也好，坚持原则也罢，这些工作的本质，都在于"说服"。如何说服领导，是一门非常高深的功夫，其中涉及多个因素，它们共同作用才能让你做成这件事。虽然说服领导非常有难度，但一旦能够做通领导的思想工作，你收获的效益也是显著的，所以，掌握在某些情况下说服领导的技巧是职场人士必备的技能（每一次都成功那是几乎不可能的，如果你真的想要达到每次都成功的境界——对不起，臣妾做不到啊）。

　　我们在其他情况已经无法改动的时候，运用更好的心理学技巧和行为，可以为你助一臂之力，让你提高成功说服的概率。

"示范"会有惊喜——镜像神经元的刺激

你可能会有一种感觉，在听到或者看到别人在做一个动作的时候，你偶尔会不由自主地去模仿这个动作，这就是镜像神经元在发挥作用。在人类及少数高级动物的神经系统中，存在着"镜像神经元"这个小系统。经研究发现，人类的镜像神经系统更加发达，这是我们模仿的基础，也是你说服对方的一个心理学利器。

在尝试说服某人的时候，你最好能够进行示范——把你想要的场景或者效果"演出来"。这么做不仅仅是让对方看到实际效果，而且还是在进行示范，对方在潜移默化中会有模仿你的趋势。比如说：如果你希望领导灭掉手里的香烟的话，你也可以拿出一支烟然后灭掉。这样对方就会有较高的概率也去灭掉烟。

重复确认

当领导在思考你的建议时，如果他（她）通过语言表达出了一点点认可的意思，你需要及时跟进，通过语言来重复他（她）的这番话，这就是重复确认。还是拿灭香烟举例子，比如领导说"这里似乎不能抽烟"，你就可以及时跟进一句"是的，这里似乎不能抽烟"。这种重复确认，可以巩固对方在犹豫期的决策行为。当然，在进行语言重复确认的时候，要当心有些敏感情况，具体什么时候敏感，就要靠你平时的观察积累来帮忙了。

避免"当老师"

虽然大部分劝说都是基于善意，但是善意也是有一定伤害性的。古语说"人之过在好为人师"，这句话就是在提醒我们，不要摆出一副高高在上的姿态，在劝说领导的时候尤其要注意这一点。当我们进行说服的时候，要尽量避免让对方感到你在教他（她），避免使用否定对方的语言，这样就能使劝说行为更加被人接受，不易引起对方的"防御机制"。

‹04›

不怕下属天天闹，就怕领导开玩笑

"不怕下属天天闹，就怕领导开玩笑"，这句职场打油诗，是有几分道理的。领导因为自身角色的特殊性，他的玩笑语言常常会给听者产生不一样的效力，同时，领导的玩笑话中，有些成分是有意、认真说出来的，所以也应当引起重视。

领导开玩笑分几种情况，比如说在大会上开玩笑，在单独谈话时开玩笑，或者在工作之外开玩笑。玩笑里到底有几分真、几分假？到底哪种玩笑是纯玩笑、什么时候是借着玩笑说真话？我们基于语言背后的心理，来做一番推敲。

　　在分析陌生英语单词含义的时候，有个手段叫"借助上下文推测含义"，这种思路同样适用于解读领导的玩笑话。举例说明一下：假设在会议上，领导长时间批评了某位同事，随后这位领导开了个和批评内容相关的玩笑，这时候，玩笑话显然就是意有所指了。

　　什么时候的玩笑才是完全没有针对性的呢？通常来说，如果偶发性、刺激性事件导致的玩笑，就不太具有针对性。比方说路边突然有个人滑倒了，如果此时有人拿这个开玩笑，虽然这个行为可能不太仗义，但这种玩笑基本不针对人，你也就可以放松起来面对这一番玩笑语言了。

‹05›

你永远叫不醒装睡的人

我在进行心理咨询的时候，遇到过很多遭受这种情况的朋友：就是无论你如何绞尽脑汁、如何努力都无法取得领导的满意。这种情况下，分析事情的成因固然是很有效的措施，但我认为：并不是所有不满都是看得出原因的，因为有时候这种不满的起源很微妙，也不会被表达出来。

在此，我给出的建议是：尽可能在你获得肯定多的领域做事情，努力避开那些你容易挨批评的事情。获得肯定，可以是领导对你的工作满意，也可以是虽然不满但感觉你有进步。而总是获得否定的地方，还是最好能够另请高明——如果你可以转交给其他同事，那就转交好了，实在找不到出口，也可以考虑尝试外部协助。

有时候，同样一件事，哪怕做出了同样的结果，不同的人来执行也会得到领导不同的评价，这里面就有领导前期固化的一个潜意识在起作用，小李如果在领导心里是会做这种事情的人，那么他做起来可能赢得肯定的概率就大。反之，如果领导本来就认为小张做不好这件事，那么小张即便做好了，获得的最终评价也会偏低。

没办法，领导也是人，也有先入为主这些主观的人性弱点。

‹**06**›

读出什么是真为难，什么是婉拒

曹丕想要谋权篡位，但几次暗示汉献帝禅让给他，然后曹丕还得几次假意拒绝。这种来来回回看上去很磨叽，但在当时的礼法和公众评价的氛围中，是必然要这么做的。事情放在今天也是一样的道理，很多时候，对方拒绝一些好意、好处，是迫于现实环境和舆论的压力。

而你能否准确判断对方到底是不是真的拒绝，就需要一些心理学基础了。

通常，如果拒绝的语言非常具体，往往就是真的拒绝。

如果对方的拒绝含糊不清，就是婉拒。比如说：如果你请某人到你家做客，如果他说"对不起，我今晚九点还要去×××那里帮忙搬家"，这种拒绝理由虽然未必真实，但足够具体，所以就是真的在拒绝。而如果对方说"还是别了，我今晚有事"，这时候，你不妨再邀请一次。

其次，如果拒绝是发生在公共场合，这时候夹杂的因素就更多了，如果对方在一对一的对话中表示拒绝，通常说明对方比较诚恳。所以我们在发出一个邀请或者请求的时候，如果你想要对方答应，尽可能地营造独处的场合。

最后有个建议——做出邀请或者请求的时候，尽可能一鼓作气，避免反反复复。我们都会有一个经历：当你为一件事吵架了，如果你在冲突当场吵不赢，之后再理论就更吵不赢了。类似的道理，当场如果被人拒绝了，事后再扳回来，就更难了。所以，我们在开始征求对方同意的时候，语言再恳切一些，内容更具体一些，方式方法更注意一些。

‹07›

说话的关联原则

提到职场语言，大家都认为这是和心理学有关的，很多人也在长期关注"工作中如何说话"这个问题，在微信和抖音等网络平台上，类似于教你如何说话的课程有很多，课程中的老师们通常会穿插大量的心理学研究结论。这些都充分印证了职场语言和心理学的高度关联，然而，我想说的是：传统心理学和职场语言之间，固然有高度关联，然而距离还是相当遥远的。这就好比是一道数学几何题目，现有的条件和几何公理未必能直接帮你看出答案，你还得做一些辅助线，才能推导出来。

其实，早就有《语言心理学》这本书，不过，我保证大部分读者拿到那本书会看不懂，即便看懂了，也会发现那本书对指导职场语言的作用不大。为什么呢？难道是因为那本书的作者水平不够？显然不是。看不懂这本书，或者觉得这本书作用不大的原因在于：这本书里面没给你足够多的"辅助线"。

　　我们从实用的角度出发，不必让大家再花心思去做这些研究推理，而是直接给出"辅助线"，这些辅助线就是隐藏在职场语言背后的心理关联原则，把那些心理学和职场语言之间的关联原则，用最简单的方式告诉大家。

　　在解答数学题的时候，我们常常会进行题型分类，也会把常用的辅助线做法进行重点讲解。实际上，职场说话的难度和复杂度，并不亚于数学，好在经过大量的总结，也能发现经典的"辅助线做法"。这里，我建议大家每个人都建立一套自己的"辅助线装备包"，通过你平时的职场积累，把适用于你的、最常见的几种职场里的"语言心理辅助线"明确下来，帮助你今后更轻松地掌握职场语言的使用规律。

　　这里也围绕做汇报这个主题，给出一些我总结的"辅助线"。

第一种辅助线——做汇报

我站在听取汇报者的心理，为大家总结出了如下的汇报经典流程。

首先，先说结果。

既然是汇报，那么听者最着急知道的肯定就是结果。除非是在汇报过程中有人追加提问或者质疑，这时候你要进行一些解释说明，如果结果在预料之中，而且你汇报完后对方没提出疑问，那么汇报就可以这样简短结束。

第二，给意见，给建议。

如果汇报的结果本身不够理想或者出乎意料，这时候听者的心理本能就会去寻找原因，也就是说，此时你要给出适当的解释。但在给出解释之前，你应当想到解决方案。

因为解释可能会被误解为辩解、找借口。指出问题是容易的，但领导更希望知道你打算怎样去解决这些问题。如果你汇报了一个不好的结果，通常领导就会追问，此时如果你无法回答对策，场面就尴尬了。

第三，使用严谨、理性的表达方法。

怎样才算严谨理性呢，送大家十个字："避免绝对化，对事不对人"。读书的时候估计很多老师都跟大家说过"在选项里出现绝对化的表述，那么这个选项就要格外小心，它很可能是错的"，为人处世也是一样的道理，如果我们对一件事轻易地下绝对结论，那么我们后面就可能就变成了说错话的人。常见的绝对化词语有：绝对、总是、每次、必然等。虽然结果很可能会跟着我们的判断来走，但即便你对了，领导也会觉得你这个人比较武断、草率，而一旦你判断失误了，这个感觉就会被强化。

"对事不对人"是我们职场语言中的一个很必要的注意点。为什么我们要避免针对人（即使用人格化语言，例如"某某就是个混蛋""他们不行""×××心眼儿太小"）呢？这就涉及人的情绪了，当我们表达出人格化语言的时候，聆听者容易感到你带有情绪，对你的信任度会降低。而且，聆听者本身可能和你汇报的这个人有利益或者认同感。当你的情绪化表达出现的时候，聆听者的抗拒心理也会被激发，这时候，你的汇报效果就会大打折扣。所以我们汇报工作的时候可以对事，但不能对人，你可以说"在这个项目上他们没有做好""×× 提出的这个设想失败了",请注意,这些表述中,最终的主语都是事情,而不是做这些事情的人。

最后一点,就是简明扼要,不拖泥带水。领导听取工作汇报的内心出发点,是获知审视工作的进度和结果,并据此进行工作评价,以便进行后续工作的安排和应对策略。所以,我们的汇报不要"拖泥带水",说明达到了怎样的工作结果,过程中遇到了什么困难,困难是否已经克服,可能还存在哪些隐患就可以了。按照这个风格来说,你的工作汇报语言,就会给自己的职业形象增添亮色。

这里还要一个小建议:在自己状态比较糟糕的时候向领导做汇报。为什么说要在自己状态比较糟糕的时候做汇报呢?原因有两方面。

第一,状态糟糕的时候,人说话一般比较谨慎,不容易夸下海口、大言不惭,这就可以避免你在压力下不小心向领导承诺一些难度系数太高的事情,可以为后面的工作减小压力和犯错的概率。

第二,在这种情况下,你"颜色憔悴、神情枯槁"的样子，很容易让上级联想到你为这份工作所做出的大量努力，可以为自己赢得一些"感情分"。当然了，这种"状态糟糕"也要有个限度，如果某些时候你极度沮丧甚至连话都说不出来了，那还是稍微舒缓一下比较好。

什么事情该汇报？

在松下幸之助手下工作了30年的江口克彦，在《我在松下三十年：上司的哲学，下属的哲学》中曾经指出：

"对于上司来说，最让人心焦的就是无法掌握各项工作的进度……如果没有得到反馈，以后就不会再把重要的工作交给这样的下属了。所以要知道，虽然只是一个简单的汇报，却能让你得到上司的肯定。"

既然汇报工作如此重要，究竟在哪些境况下必须汇报工作呢？

第一，在做好工作计划后，立即向上司汇报工作计划，可以避免大方向上出现问题。这样不但可以让领导了解计划内容，还可以审时度势，从大局出发指出计划的问题所在，做出有益而有效的修改，避免你在工作开始后做无用功。

第二，当工作出现意外时，我们要及时汇报，寻求领导的支持和帮助。通常来说，我不建议大家隐瞒意外，把意料之外的情况及时汇报，可以防止事情的不利局面扩大，最终导致无可挽回的错误。

还有一点就是，事情完成后及时让领导知道工作结束，最好能把整个活动具体的来龙去脉向领导汇报，如果来不及，简单说一声"完成"也是可以的。因为你把完成结果及时告诉领导，可以让领导尽快放心，营造一种值得信赖的形象。这么做还有利于领导授权你更重要的任务和工作。

行动在汇报之前

工作汇报有个原则，就是要"行动在前"。行动在领导前面，意味着我们汇报工作时，不但能达到领导的要求，还能超过领导的预期。什么事情都没准备好的汇报，不叫汇报，只能说是"灵感直播"。时间长了，对方会觉得你的话都是无准备的发言，容易引发对方的不信任。

‹08›

职场语言使用案例

案例一　托人帮忙

托人帮忙，尤其是请不熟络的同事帮忙，大概是职场里最常见的"纠结高发场景"。

去年的时候，我给一位同事帮忙，结果弄得很窝火，到现在想来都不痛快。

事情是这么回事儿：好朋友得知我外出做报告可能路过南京，就托我帮忙去南京取个票。谁想等我到了取票处，工作人员说我持有的信息不足无法取票。对方又怎么都联系不上，最后不得不拖延了很长时间，导致原来的行程全部被打乱了。我本就是个急脾气，办事力求顺利流畅，更何况出门在外，更加容易急躁。于是当电话接通之后，我就冲着好朋友一通抱怨。

虽然好朋友之间不会因为几句发泄而伤及感情，但发生了不愉快，是谁都不希望的。事后想一想，这也是好友对请人代办事情的经验不足所致。所以，在遇到此类情况后，与其为此耿耿于怀，倒不如把相关的注意事项写下来，也好避免以后因为类似的事情而产生不愉快。

人的时间和精力都是有限的，很多时候，我们都会面临着"分身乏术""力不从心"的情况。这个时候，请人帮忙，就是常见的选择了。但有些事情一旦让别人替你来办，就会引发很多意外的状况。这里面，既有思维方法的差异，也有信息传递的误差。请人办事究竟需要注意些什么？

首先，最重要的一条，就是"提前"。古话说："凡事预则立，不预则废。"这对于托人帮忙亦然。预先告知对方，有诸多好处，也是尊重的体现。

第二，尽可能早地联系被委托人，可以获得时间上的充裕，让对方能更好地安排自己的日程。这样一来，如果是单纯请人帮忙的话，对方也会比较愿意协助。

第三，联系得越早，随后交流沟通的时间就越长，这就有利于保障代办处理结果，避免对方在仓促中留下什么缺漏。

第四，有的事情，未必是一次性能够完成的，早联系，早行动，一旦出了什么意料外的问题，也能有补救的机会。

作为委托人，你要关注的就是"充足"。除了前面所指的时间上的充足，还要强调信息和保障上的充足。对于托人办事，我个人倾向于"安全冗余"原则（这一概念源自航空器上的安全备份设计），即要确保自己提供的信息不但能够充分满足行动，还要多角度地提供多余的信息，以便辅助对方开展工作。这主要是考虑到人与人思维的异同。举个例子，如果是指路，除了讲清楚"东西南北"之外，我还会再说一遍"前后左右"，以确保不同方向感的人都能轻松到达目的地。

而保障上的充足，主要就是指资金和服务支持了。个人建议，在对方开始帮忙之前，你就应当把所用到的钱款打给对方，而且最好能多给一些，以防出现意外事件。如今电子支付如此发达，让对方先垫付总归有些别扭。做好了这一点，不但能让"手头紧张"的被委托人免于尴尬，也是尊重的体现。同时，如果事关重大、行程紧张，你也不妨在网上给对方约个专车、安排好住宿等等，一系列小的动作，不但有利于保障事情本身，还能让对方感到你的心意，帮起忙来自然会格外用心。

信任，也是非常重要的事情。对于一般的委托事件，尤其是被委托人有一定经验的事情，最好加一句："如果有来不及沟通的情况，你随机应变就好，事情既然已经拜托给你，我自然相信你的决策"。

当然了，这份信任，是建立在前期沟通充分、保障有力的基础之上的，如果对方缺乏经验的话，还是全程叮嘱为宜。我也是个经常帮亲朋好友处理事情的人，给人帮忙办事最大的心理负担就是，怕办完之后委托人不满意，到头来自己"出力不讨好"。

如果委托人能给予那种全权决定的主动权和信任感，我们作为被委托人就能减少很多不必要的压力，最终有利于事情的完美解决。给予对方信任，还有一个额外的好处，就是减少沟通和等待成本。每个人都有不方便接电话、发信息的时候，当对方拥有了足够的信任，就可以自主决策，而不是一次又一次地给你打电话询问，搞得双方都麻烦。

最后一条，很简单，但也很关键，那就是"客气"。

凡事都应该礼貌，请人代办更是如此。不论是别人的分内之事，还是请人家伸出援手，哪怕关系再好，客气一点总归没错的。有些人常常会认为分内之事就不需要表达谢意，这是不可取的——就算是别人理所应当的事情，我们也应该明白对方是在帮你解决问题，如果态度傲慢，对方很可能会应付了事，最终吃亏的还是自己。多说几句"谢谢""辛苦您了"，并且在事后予以再次的感谢和肯定，会让对方有愉快的体验。

以上所有原则，说到底就是四个字："将心比心"。

既然是请人代劳，那就应该站在被委托人的角度，设身处地地想好对方需要的各方面支持和可能面临的问题，这样才能做到有备无患。一样的道理，如果是你帮对方去办事，也要尽可能准备周全，把各方面的情况都问清楚。

案例二　新东方的年会节目

2019年年初，北京新东方学校年会上，一个名为《释放自我》的节目彻底火了一把，这首改编自《沙漠骆驼》的几位年轻员工吐槽新东方内部管理问题的歌曲，在迅速火爆网络的同时，居然还赢得了新东方老总俞敏洪的高度认可。

有分析认为，该节目得到了俞敏洪的授意，而且和俞敏洪此前连发5封邮件批评管理层存在的问题一事有关。

不过，俞敏洪在年会之前并不知情，这首歌在内部邮件发出之前相关员工就已经写好。当然，即便不考虑这个前提，这首歌依然是非常高超的职场行为产物。当时和几个朋友看了这个视频，我立刻感叹道——高手！这大概是职场语言最高级的表达形式了。

果不其然，根据事后新闻报道，该节目表演时，新东方董事长俞敏洪在台下笑得合不拢嘴，最后带头鼓掌，并且还给了相关创作人员10万元奖励，来鼓励企业中敢于直言的精神和文化。有时候，我们把语言换个形式，就能收获不一样的效果——你需要一点儿创造性思维。

案例三 中英夹杂到底好不好?

个人对于日常语言中的中英夹杂,还是持一点点的否定态度的。我曾经做过英语老师,给自己的在线英语课录宣传片的时候,经常会说一句话:"英语不高端,真正高端的是人。"

夹杂英语能高端到哪儿去?全英文也就那么回事啊!任何语言的关键,都是看听者能不能懂。

刚回国时,对飞行术语的对应汉语是各种不知所措,这时候我当然是求着对方说英语词汇。

"小桓,注意这里不要打开协调器,保持原位。"

"啊?协调器?"

"就是Governor。"

"啊……收到,Governor 保持原位。"

这种对话经常发生,即使是现在也偶尔会情不自禁地蹦出来,没办法,我的飞行从零开始就是在美国学的,这是语言输入的第一印象,也是一个很有趣的现象。

但对于一开始说汉语后面又尝试夹杂说英语的,就搞不懂了，图什么呢？很简单的词还用英语，大家都比较反感。这种英语毫无意义，而且对懂行的人来说，也不会显得高端；对不懂行的人来说，说白了就是装。

别的行业我先不谈，如果放在我们这个讲求言简意赅的领域，空中飞行时候，谁要是搞这些花拳绣腿，肯定会要挨怼的。涉及安全和责任，很多做作的事情就自然会云消雨散。

中英文夹杂如何判断是否涉嫌装格调？什么时候可以用呢？我的建议是：你打算用的英文，要看有没有对应的、准确的中文表述。

举个例子：你是说 NBA 舒服呢，还是说"美国国家职业篮球联赛"舒服呢？这时候大大方方地使用，不会让大家反感的。如果一个东西起源就不在中国，国内又没个公认的翻译，那就说英文好啦。

第四章

行为： 向前一步，滚动你人生的雪球

把事情做对，而非和自己作对

电影《后会无期》里面有这么一句词："听过很多道理，却依然过不好这一生。"

虽然"一生"这个话题有点大，但即便是职场里普通的一件事情，比如你正在学习一个比较复杂的技能，或者效仿他人想做成一件事。在听过了很多道理后，也可能依旧做不对。

很多人听到电影里的这句话，可能只是内心涌出一番认同感，然后继续按照自己原来的方式做事情。"知道"并不等于"能做到"，而"能做到"又不等于"能做对"，所以职场技能和行为的修炼，并不是看上去的那么简单，我们需要认真地思考这个现象。

为什么有人在一个职位上勤恳工作多年，一直都没有升迁？为什么那个榜样人物就在你面前，你却学不到对方的精髓？你有没有想过原因是什么？

或许你已经读了很多书，看了很多视频，考了很多证，参加了很多课程，但真正让你发生改变的有多少？白纸黑字面前的你，对自己的学习能力真的满意吗？大部分读者内心的答案可能是否定的。

为什么成长那么慢？我们的努力，到底出了什么问题？很多人忽略了一个事实：大家所谓的"学习"，有很多是浅层次、低效率的学习。如果学过的知识没有转换为改变现状的行为，那么你听到的这些道理就不会见效。我们固然鼓励阅读求知，但在具体的技能和任务面前，读书并不是读得越多越好，知识也并不是了解越多就越好。

我们想一个问题：是不是所有的道理都有用？

抛去少量歪理邪说不谈，实际上所有的道理都是有用的，但是，它们不一定会立刻生效，也未必包治百病。现今社会的高速变化与价值导向，会在无形中逼迫我们追求所谓"实用价值"，而大多数的道理都是在描述一个很大的愿景，对于眼前的事情却并没有多少实用价值。就好比

"诚信"两个字，你坚持它肯定是对的，但是诚信所带来的好处，却需要很多天甚至很多年才能显现出来。而且，一个人是否诚信，和其某一个具体技能的养成通常关系不大，一个篮球运动员很诚实，难道罚球就一定准吗？所以并非是"好人没好报"，只不过诚信并非万能药。

另外，"知错就改"也未必合理，你更需要的是认同和针对性行动。

别人讲道理，你听道理，这涉及"注意"这个心理学术语——此时你把精力集中地指向对方的话，这就完成了"注意"。但"注意"只是把东西吃下去，并不一定能吸收，有时候没准还会拉肚子呢！

简单的一个道理，听再多遍，我们也并不是调动全部精力进行倾听。我们在听道理的时候，往往是一种被动状态，比如，当你做错了什么事情，你的朋友、家人、老师、领导会对你进行"传道"，这个时候，我们通常会点头，但心理层面上却只是在做表面的认同。你听到了他们的道理，借由这些比较权威的嘴巴说出的话给你一种教导的感觉，这种感觉能够缓解我们因为犯错而导致的内心焦虑。

可是，焦虑缓解了之后怎么办呢？如果你能够去思考道理之外的道理，并且开始有持续的针对性行动，才算是真正开始了自我修正。

学习时老师说过的话、说明书里的条条框框、办公室墙上的规章制度、短视频里的操作教程……做事情的道理，其实也就那么多，获知它们并不困难。但是当一个具有权威地位的人说出来的时候，你总感觉醍醐灌顶。

但是请注意：这种"醍醐灌顶"的感觉，是一种自我麻醉，它只是表达了你对这个道理的确定与认同，这种自我的确定与认同并不会让你以后不再犯同样的错，它能起到的作用仅仅是让你延缓下次犯错的时间，或者说改变犯错的方式。从这个角度而言，并不存在真正意义上的知错就改。

思维惯性和生物本能：简单来说，指导我们做事情的永远不是道理，而是基于我们从少年时就早已形成的人格基础、我们一直以来深埋于潜意识之中的某种固定倾向的动机、每个人长期养成的行为习惯和本能。

当我们在面对现实当中很多事物的时候，我们总容易产生的就是"自动思维"，也就是看到条件A 瞬间就会得出结论C，而中间的过程B，我们很少有人去深究，也少有这样的意识。而那些真正对你起作用的道理，往往是中间的过程B，当你及时开始有针对性地修正和联系后，效果自然就显现出来了。

另一方面，你也别低估了自己，恶化了自己的处境。

"我们上小学的时候，大学不要钱，到了我们上大学的时候，小学又不要钱了；我们不该买房子的时候，房子是单位分配的，等我们要买房子的时候，房子就都是开发商卖的了；我们买不起车的时候，马路上很少堵车，等我们买了车，天天都在堵车……"这类抱怨，应该不止我一个人听过吧，网上一搜，比比皆是。听到这样的话，总会难免感叹：我们的青春，怎么就这么困难呢？

生活的困难有迹可循，不顺心的事儿实在太多：物价连年飙升，别人总是比我们更能占尽优势，求职形势的严峻，福利待遇越来越不满意……我们大概常常感慨过去，感慨过去的民风淳朴、环境优美，种种感慨的言下之意，是对当前的不满。

抱怨这种行为本身，是无可厚非的。我们每个人或多或少都会这么做，偶尔发泄一下，完全可以理解。

但是也需要给大家提个醒：别让这种抱怨，成为你意志消沉的导火索。

另外，我们应该换一个角度去思考我们当前身处的社会。客观地审视，今天我们在客观上所拥有的资源是越来越丰富的——基础设施建设不断完善，医疗技术不断取得突破……也就是说，如今的生活大环境，其实是越来越好了。生活就好比是一个圆，圆内的是既有的幸福，圆外的则是不满，幸福越多，你接触到的不满才会越来越多。

而且，还有一个非常重要的侧面：很多过去的痛苦，眼下正在消失。

相信很多人都有这样的困惑：我们身边的很多人似乎都过着美好和惬意的生活，反过来看看自己，好像总是在鸡毛蒜皮的事情上消耗着大量精力，难免会羡慕身边的其他人。

其实，每个时代，都有每个时代的"恨与痛"；每个人，都有每个人伤透脑筋的困难。

任何一个时代，也都不会饿死有能力的人。时代所淘汰的，只会是混日子的弱者，只会是那些不适应这个时代的人。我们驾驭时代的关键，其实就是面对这种压力，承担这种苦难，用自己持续而坚实的努力，去不断地提升自己，以你我勤劳的双手，来达成终极自我满足的幸福彼岸。

人的一生，怎么可能占尽这世间所有的便宜？既然享受着时代发展的便利，就需要忍受发展带来的缺点。在抱怨自己生不逢时之前，得想一下，造成这些痛苦的原因是什么？我们为什么要去承受这些痛苦？没了这些痛苦，我们是否会因此遭遇另一种更大的痛苦？

我们在进行信息对比的时候，往往会去美化"对照组"的信息，进而虚构了自己的不幸。举个例子：我们总是说看病难、看病贵，医疗条件比美国差太多。是这样吗？我在美国学习期间，曾因为受伤去打破伤风疫苗，国内几十块钱就能搞定的事情，我花了180美元；花几个星期的时间去预约大夫的情况，在美国并不罕见。而在国内，我们大概只需要在医院大厅等一小会吧……

抱怨困难，似乎更像是在找借口。把生活的难度放大，

◆ **情绪自由**

自己的不如意似乎也就有了一个客观的理由。这种心态，
与其说是自我安慰，倒不如说是自我欺骗。优秀的人依旧
优秀，努力的人依旧努力……岁月流逝的脚步从未变换过
节奏，你，不要让自己被淘汰。

‹01›

行为背后，自有其道理

　　人的行为千奇百怪，我们谁都不知道下一秒自己会做出什么事情来。但是，我们也总有那么一些神机妙算的时刻，不但能够自己知道会做什么，甚至可以预测别人接下来会怎么做。

　　实际上，对于自己或他人行为的正确预测，是基于你对现有行为的识别与分析。善于观察的人，就能把看到的事情分析出道理来，顺着这个道理，就能推敲出下一步的发展。所以说，行为本身并不是最重要的信息，关键的是行为背后的道理。

　　认可了这一点，我们就可以描述很多行为。人的动作，虽然有万亿种不同，但分类起来，无非是三种：从简单到复杂来说，分别是非条件反射、条件反射和组合型复杂反射。

对于非条件反射，我们可以很简单地举例子：如果手被钉子扎到，我们就会立刻缩回去。这类反射动作，是镌刻在我们的基因里的，它有着成千上万年的进化基础。对于这类反射，推敲起来并没有什么难度，对方的动作也几乎不存在什么掩饰。

在飞行中，人由于从地面到空中有一个大的环境改变，很多平时的非条件反射都是不利于飞行的，这时候，作为教员，就需要大量地协助飞行学员去改变这些非条件反射，从而养成安全正确的飞行操作习惯。在其他行业也是一样，很多需要动手的工作，都有最佳的处理方式，当这些处理方式和人的非条件反射产生冲突的时候，就需要格外留意了：初学者很可能做出不那么合乎操作规范但符合生物本能的行为，这类行为，是可以预测的。

而条件反射就要高级一些，从字面上理解我们也能看出：条件反射的动作是依赖于条件的。条件反射形成的基础，其实还是非条件反射。只不过，条件反射是指在一定条件下，外界刺激与有机体反应之间建立起来的暂时神经联系。这种反射行为方式是后天形成的，是经过大量经验和练习所锻炼出来的一种反应本能。

最简单的例子，就是别人叫你的名字，你会答应，人在刚生下来的时候显然不知道自己叫什么，但是时间长了，你就知道这个名字是在叫自己了。实际上，对于人行为的推敲，大部分就是在条件反射层面做观察和分析，当你确定对方会对某种机制产生条件反射，那么对方的行为就是可以推测和理解的。

有一些员工，在跳槽到新公司之后，对原有公司的条件反射还在，经常把过去的公司叫作"我们公司"，而把自己现在的公司叫作"你们公司"，这种情况，不一定是他（她）没有接受新公司的环境和待遇，有可能只是新的条件反射还没有形成。当然，大家也能想到，在新公司领导前这么说话不合适，所以，你要有意识地留意，在新的条件反射还没有建立牢固之前，尽量不要"说错话"。

组合型复杂反射，听上去就比较复杂，所以分析起来就

◆ **情绪自由**

需要更多的信息和观察，这里我们无法用有限的文字表述清楚，只能在平时做个有心人，通过大量的观察总结出规律，然后从这些规律里分析道理。当道理逻辑建立之后，同样可以预测行为。

‹02›

高效的职场行为让你快速晋升

作为职场行为的一个高效模板，近年来，"过程分析法"成为越来越多职业培训的案例模式。过程分析法这个模式最初是为了制度设计，后来也衍生成为一些智能化办公软件系统的内在逻辑。我在这里给出过程分析法的经典步骤，然后为大家简要解读这些步骤对我们职场行为的启示：

第一步，确定问题领域。

分门别类是做出行为对策的最基本前提，就拿销售作为例子：如果你正在商店值班，此时走来一个人和你发生交流，那么我们就要首先明确对方是来干什么的，是来买东西，还是消防检查？或者是过来观摩刺探的同行？明确了来者的身份，才可以正确地做出应对。

第二步，借助有效的分析手段，找出具体问题。

如果刚才那个顾客对价格不满意，实际上其内心的深层诉求并不是一成不变的——有的人是拿价格当作借口，希望谋求更多的附加服务，有的人则纯粹是囊中羞涩，还有的人是一开始就没打算购买，故意给自己找个台阶。

第三步，寻找和确定解决方案。

当具体问题确立之后，我们就可以根据自己的经验和受到的职业培训来思考解决方案了。

第四步，如果有多个解决方案，划定优先次序。

次序的建立是很有必要的，有时候一个方法是否有效，虽然方案是固定的几个要素，但套路不同，取得的效果也会不同。

第五步，确定能提供所需结果的具体办法。

在确定方法的时候，我们要尽可能地去结合行为分析结论，为不同的人打造不同的方法。

第六步，着手解决，并考虑好失败后的应对策略。

‹03›

独当一面时，如何"做主"

　　当还是职场新人的你可以单独地去负责一件事情或者项目的时候，这肯定是一件好事，这意味着你开始有机会独当一面，拥有更高的权限，去做出更大的成绩。但是，独当一面的时候，也意味着你担负着更大的责任，如果事情做不好，就会首当其冲地挨批评，所以我们也要更谨慎地去对待。

　　一味躲避责任是不可取的，除非你永远不打算提升业务层级和工作评价，更多的时候，在代表自己公司或者自己部门的情况下，你得学会一些"做主"的学问。

　　独当一面也好，做主也罢，说到底还是为他人做事，虽然你的领导不去亲自操办，但你并不是做出最初指令和最终决定的人。所谓的交给下属全权处理，更多的是希望下属通过其智慧和劳动，来节省领导本人有限的时间和精力，并非是把所有的权力都移交给下属。这时，作为下属，首先要明白这个"代办"的总原则，不能真的把自己当成取代领导做决策的人。这就是做行动的认知基础。

既然是代办，那就要弄清交办者的意图。前面几个章节，我们提到过交流和聆听的一些原则，此时就可以用得上了。在弄清楚领导的意图、要求和忌讳后，我们在开展工作时就可以多一分底气，更能减少犯错误的概率。

这里面要注意一点：人下达任务指令的判断，往往基于一个或者几个明确的目的，比如说让你去安排一顿午餐，那这份午餐就是可繁可简的，若是仅仅为了填饱肚子，就可以务实、节省，如果是为了招待客人，必要的规格就不能少了。

当然，弄清楚意图，也不代表你在整个工作过程中都可以做个简单的跑腿者。有些工作的复杂程度，往往会超出决策人本身的设想，而我们作为操办者，很大一部分工作价值就在于搞定这些预料外的事情。遇到意外情况能请示固然是最好，如果来不及请示或者不宜请示的时候应该怎么办呢？这时候，你就要自己拿主意了。事情难也就难在这里，我不是领导，如果做出错误决定怎么办呢？心理学中有个重要的名词，叫作"共情"，就是尽力带入对方的感受，把你自己设想成为领导本人，努力还原这个心境和决策目的，带着这种思维，做出来的决策就不容易出错。

‹04›

为什么有些领导只有权力，没有领导力

在职场中，我们最在乎的人是谁？当然是领导！毕竟领导既富有权威，又富有经验，有时候还决定了你的评价和待遇。我们也可以反过来想一下"我能不能当领导"这个问题。

对于年轻人来说，成为领导，可能还比较遥远，但是这个想法是没问题的，毕竟每个人都要成长。

领导力是怎样来的？如何去培育自己的领导力？如何去巩固和强化自己的领导力，这也都是职场心理经常需要涉及的一个日常而又实用的部分。

领导力是每个职场人都不可或缺的一种力量，哪怕你不打算当领导。如果我们完全回避领导力，或者说完全抵触领导的话，可能看上去显得非常的清高，但是这样很不实用，只是一种假清高罢了。而且这种心理，会在现实生活中导致很多的麻烦。

领导力的来源

在思考领导力的时候，第一件事那就是想一想领导力是怎么来的，也就是领导力的来源。通常来说，领导力的来源有两种渠道。这两种渠道可以是单一型的，也可以是两者兼而有之。

授权型领导力

第一种领导力，我们称之为"授权型领导力"。

这很容易理解：就是通过上级机构或者是某一个更大

的领导来任命或者赋予的一种领导权力，而接受者可以把它良好地消化和执行。这种就叫作授权型领导力。仅从文件程序上来说，授权型领导力只需要一张任命书或者聘书就万事大吉了。但这只能称之为在岗位上获得了领导的名头，是否真正具备了领导力还需要打一个问号。

授权型领导力的真正实现，需要一个非常重要的条件：那个授权人真正给了被授权人领导的责任、领导的资源，以及领导权的行使范围。如果仅有一纸调令，但是却处处受制的话，这种领导资格的获得也是不具备多少领导力的。所以当我们面临任命的时候，首先就要思考一下，自己有没有真正地被授权。

自我型领导力

第二种领导力叫作"自我型领导力"。

这种领导力是人自己不断演化出来的一种能力和气质，与上级的任命关系不大。比如我们经常说某个人气场很强，那么这种人往往就容易形成自我型的领导力。作为个体心理成因来分析，它有一个很大的好处，就是自己内心具有这种领导的气质和意识，整个人行动起来也比较协调、统一，在担任领导的时候，具备这种领导力的人往往可以实现更高的效率和更快地融入。

但是，这种自我型的领导力如果没有得到足够的授权的话，就会处于一个非常尴尬的情况。也就是说，这个人可能会经常逾越自己的权限，去做一些"出格"的事情，这种事情很容易得到更上级领导的否定，因为你出"场"了，就是说你出界了。职场中，一旦某个人做出了越级的行为，其上级就会感到一种冒犯。很显然，这种打破职场平衡、挑战现有工作生态的行为，肯定会得到很多的抗拒、批评和否定。因此，自我形成型的领导力往往需要努力地去赢得真正的授权，这样才能让两者协同起来，保障自己更好地展开各种行动。

拿破仑说"不想当将军的士兵不是好士兵"，也就是说人们对于想当领导这件事还是能够比较积极正确看待的。我们作为职场中的工作者，不论是新人还是老手，在将来肯定会或多或少地成为某个层级的领导，所以对于领导力的关注，也是一个实际的职业发展问题。

领导行为的介入与放手——"肩膀滑"与"手指尖都给你拴起来"如果从心理学角度来说的话，我们不仅要从校园教育领域研究领导力，更要对毕业后的每个人都提供领导力的分析。

当你作为领导的时候，你什么时候要介入下属的工作？什么时候要放手？这一点很有学问。我曾经听到过这样的表述：说某个人"肩膀滑"。意思就是，这个人作为领导不喜欢担当，没有责任感，就像挑不起来担子一样。

这就是领导没有及时地介入下属工作的结果。反过来说，如果一个人"拿着鸡毛当令箭"，就是说他（她）的领导行为过度了。这里可以打一个比方，就是恨不得"用手铐把你的每一个手指尖都给锁起来"，这就是过度的约束。

怎么处理好这两者之间的关系呢？有一句话叫"将在外，君命有所不受"。这就是对领导行为的介入与放手最好的一个表述。首先，将领和君王之间的等级差异是我们这句话的大前提，由于君王没有亲临一线，不可能了解战场的所有情况，而且消息也不够及时。所以在面对某些命令的时候，这个一线的将军有权去做出一些改变或者拒绝，毕竟都是为了全局好。

高水平的领导，往往善于剖析和把握人的心理。如果你能让对方在心理上愉快，既能够坚持底线，又能够有积极性，我认为这个总体的领导管理就是成功的。那么反过来说，心理学是一个互动的过程，所以一定要有另一个值得操心的事情，我喜欢叫作"管理领导"。

你怎样去管理你的领导呢？这里的管理肯定不是通过一些指令或者命令让领导做什么事情，而是说通过你的一些语言和行为的一种长期配合，优化你和领导之间的相互行动，从而来达成某一种默契，这样就使得领导能够更好地给你分配工作，更好地指导你，甚至约束你，你和领导之间的相处，也会更加的融洽。

既然下属想要"管理领导"，那就要有管理领导的智慧，而作为领导，也要学会适时放手，适度引导，尊重下属的创造性和主动性，让其来"管理"你。如果你已经给了下属某种行为的权力，那接下来的重点就是，在下属没有遇到更高难度的事情的时候，请不要过多地干预。过多地干预不但会在行为上有不利影响，也会在心理上给下属"权限得而复失"的感受。大家当了领导之后，希望能够重视这个问题，不然的话你可能在鞠躬尽瘁的时候，依然得不到大家的理解。很多人越当领导越苦闷，甚至想回到自己还是基层员工的"最初的岁月"，大概就是这个原因导致的。

失败的领导行为

接下来我们举几个例子，来介绍一下典型的几种失败的领导行为，并且分析一下为什么这些领导行为不可取。

第一种常见的失败领导行为，是任由各行其是。

首先是放弃管理控制，任由下属的各个工作者各行其是。

在工作中，每个人都有不同的行事风格、不同的理念和思维方式。作为领导来说，你不可能把大家都变成一模一样的复制品，哪怕是在强调一致性的军队里也做不到。但是作为领导，一定要非常关注一点：努力不让这种风格上的差异产生彼此抵消、互相伤害的结果。

我们经常讲求同存异，这在职场心理方面也具有非常实用的意义。我们为了求同，就需要在心理上有所建设，只有大家具有一个共同的目标，才能实现配合的完美统一，最终形成合力达成目标。行为是表面，内心才是根源，如果不能从心理层面彼此认同的话，就需要找到一个互相的缓冲区，彼此避让要有一个恰当的距离，这就是和而不同的空间。

另一方面还是要有一个大致相同的行为准则，不能搞绝对的自由，这样才能保障协作。所以几乎所有的企业和部门都要制定规章制度，这就是长期以来，大家形成的经验，这种公约可以用来避免不利的影响。

第二种常见的失败领导行为，是纵容部下展开无意义的不认同，导致争论不休。

既然说无意义的不认同，那么也就是承认有的不认同是有价值的，大家彼此的积极提示、争论乃至批评或矛盾都可以适当提高工作质量和效率。似乎这一条听上去和第一条有点相似，但又有所不同。在现代的工作环境中，大家非常鼓励争论。

这点当然没问题，但是，我们在发扬这种先进的、现代化的行政风格的时候，也需要注意：这些争论必须是有意义的。因为只有有了意义，你才会在心理上接受，并明确是对事不对人。如果说没有一个明确的意义，这种争论很快会上升到彼此之间对于人格的攻击。对道理的否认就变成了对这个人的否认，各种问题很快就产生了。

作为领导，你既能够在正确的时候去组织一场争论，又需要适时地阻止这场争论。或者说在一场争论已经发生的时候，你可以在恰当的时候给叫停，踩刹车。

因为当争论开始的时候，哪怕一开始彼此都很理性，最后也可能失控。很多案例都是这样，一开始彼此都是有理有据、互相尊重的，但最后不知不觉就演变成了人身攻击。

所以说，花已半开，酒意微醺，才是妙处，不能让争论完全进行，尤其是面对职场经验并不是特别丰富的人。

而如果一些老手彼此之间在发表争论的时候，他们就会自己给自己在合适的时候，做出停止的默契决定，这也可以看作是一种自我领导的行为。

第三是盲目的举手表决式民主。

民主这个概念，是现代工作体系中被广泛接受的一个概念。特别是对于一些刚刚担任领导岗位的人来说，总会想到要发扬民主。

其实对大部分受良好教育的职场人士来说，他们首先想到的就是要发扬民主，这是人内心非常自然的一个进步趋势。但是，民主也是有它的使用范围的，不可能所有的事情都按人头计票。

这里举几个例子，在现代商业中，每个人都会有自己的股权，而这些股权并不相等，大家有自己表决权的大小；在联合国安理会，有常任理事国，他们可以一票否决，也和其他国家不同。有些时候并不是说按人数的高低来决定事情的，所以民主不等于举手表决。

说到这里，其实跟心理学的关系就不太大了，这是公共行为，更接近社会学。因为面对不同的事情，每个人的权重是不同的。那有些事情你作为核心当事人，应当享受的权重往往更大，而作为旁观者的权重并不明显。这个时候如果完全采取民主投票的方式，就可能导致一种情况：旁观的多数杀死了处于风口浪尖的少数。这种大锅饭一样的民主，显然是不合理的。

一般来说，在进行民主表决的时候，尽量先选择一些无关痛痒的领域。比如说今晚去哪儿吃火锅，我们两天之后是去哪里开会，我们公司的天花板是用白色的还是要贴一些彩色墙纸。在这些领域，大家可以各抒己见，因为这个时候大家的权重基本是一致的。

但若是到了决定生死存亡、大的战略性的表决的时候，建议还是采用一个集中的代表委员会的形式，由指定人数的代表来表达。

盲目的民主也会在心理上产生一些微妙的影响。如果凡事都进行投票或举手表决的话，那大家也会慢慢地对领导的权威产生怀疑，感觉它更像是一个表决大会的主持人，而不是一个富有领导力的领导。这就要再回到领导力了，良好的领导力应该是知道在什么时候要强行发表看法，给出一锤定音决定，什么时候放手让大家发表意见。

面对下属，是"用人之长、容人之短"，还是"补人之短"？

现在很多企业在培训的时候会提到一点：当领导要学会用人之长、避人之短。我觉得这句话还是要辩证地看。大部分时候，我们应当让每一位职员能发挥自己的长处，这点毋庸置疑。

但是面对短板的时候，我们要去思考到底是要回避，还是要补强。回避的话，也很容易导致这样一个情况：能者累得半死，而笨蛋却天天闲着、混水摸鱼。这是因为如果一个人优点太多而被你过度使用的话，那些优点不突出的人分到的工作量就少了，除非你在待遇上能严格做到公平，否则将不利于工作的开展、团队协作和下属的情感。

一旦职场分配的公平性受到了破坏，人们就会很快产生一些不一样的变化：那些能干的、多才多艺的员工就会叫苦不迭，对自己现在的境遇感到不满，而那些不求上进的员工，反而会得到一种鼓励。他们会觉得这是一个可乘之机，从而放弃自己的进步，从而也不会在很多的事情上体现出自己的责任与担当。

那从这个角度来说，我们还是要更多地去补人之短。

固然，这种补人之短是需要一定的耐心和成本的，但是从长远来看，这种做法是可以维护整个职场长期健康的、有良性发展的。

第五章

关系： 在办公室里做出最佳选择

| 朋友、路人还是仇敌？需求说了算 |

说到职场关系的心理基础，就不能回避一点——大名鼎鼎的马斯洛需求金字塔理论：

◆ **情绪自由**

最下第一层是生理需求：空气、水、食物、居住、睡眠和性欲。

第二层是安全需求：人身安全、健康保障、资源财产所有性、家庭安全和工作职位保障。这里请注意，在本层次中，工作职位保障的需求已经出现了，也就是说，如果在职场中同事或者同行认为你的存在会威胁到他们的工作职位保障，就会引起其高度的警惕和防御机制。

再往上的第三层是情感和归属的需要，也叫社交需求：友情、爱情、性亲密。人作为一种富有情感的动物，人人都希望得到相互的关心和照顾。感情上的需要比生理上的需要来得细致，它和一个人的生理特性、经历、教育、宗教信仰都有关系。

然后是尊重层次，也叫尊严需求层次：自我尊重、信心、成就感、对他人尊重和被他人尊重。

不论是职场新人，还是混迹多年的高手，人人都希望自己有优越的人际交往地位，个人的能力和成就能够得到社会的承认。

尊重的需要又可分为内部尊重和外部尊重。内部尊重是指一个人希望在各种情况下感觉到自己能胜任、对事情充满信心、能够以一个从容的心态处理好事情，简单来说，就是人的自尊。而外部尊重是指一个人希望他人看待自己有地位，有威信，受到别人的尊重和良好评价。马斯洛认为，尊重需要得到满足，能使人对社会满腔热情，同时体验到自己活着的用处和价值。

第五层次也就是顶层，是自我实现的需要。这里包含有道德、创造力、解决问题的能力、公正度、接受现实能力等。

自我实现的需要是最高层次的需要，是指实现个人理想、抱负，发挥个人的能力到最大程度，达到了一种"满足境界"的人。这个层次的情绪，不但可以接受自己，也有利于接受他人——就好比高手和大领导对待菜鸟和基层员工的态度往往比较和善。

在这一层次的满足，多表现为解决问题能力增强，自觉性提高，善于独立处事，但也有些"高处不胜寒"的孤独和小矫情。总之，这一层次的需要，是搞定自己能力范围内的一切事情的需要。也就是说，人必须干称职、难度适宜的工作，这样才会使他们感到最大的快乐。需要注意的是，人并非一定要成为顶级专家才能感到这种满足，为达成这一层次需要所采取的途径是因人而异的，小人物也有小人物的自我实现感。当然，自我实现的需要也是在努力发掘自己的潜力，这可以使自己成为自己所期望的样子。

　　介绍了这个基础，我们就对人际关系有了强大的科学支撑。在职场中，很多人与人之间打交道的事情，都在不断地演绎以上五个层级的需求。当某个需求被满足后，人际关系就会往好的方向发展，反之如果某个需求被威胁或者破坏，自然会出"幺蛾子"。而我们在处理多个需求的复杂局面时，可以参考各个需求层级的上下关系，让最基础的需求先得到满足。

‹01›

爱要坦坦荡荡还是偷偷摸摸

职场关系有很多，我们先来说个比较突出的恋人关系。

哪怕是当今如此开明的时代，企业或者部门中，多多少少还是对办公室恋情有一定戒备或者拒绝心理的。这是多方面的原因所导致的：可能是担心管理不便，出现"夫妻档"抱团对抗上级的情况，也可能怕分手之后关系难以处理……总之，大部分企业还是不太赞成办公室恋情的。

当然，也有几个例外情况，是被管理者允许的：首先是原生恋情。所谓原生恋情，就是两个人在加入这个岗位的时候，就已经是一对儿了，也就是说，人事部门在雇佣这两位的时候，就已经接受了这个事实。不过，如果两者还在热恋期，工作中尽量还是要保持一定的距离，即便有互动，也要在举止得当的情况下。

第二类就是非办公室环境，类似于车间、体育竞技等强调体力劳动的场合，由于大家的关注点比较专一集中，人心的较量也相对少一些，所以对于恋情也就没那么重视。其实不仅仅是对于恋情，同事关系之间的是非都会少一些。

如果在不是上述情况下发展出来的办公室恋情应该如何面对呢？硬拆鸳鸯显然是不合理的，在这里我给出一些比较有建设性的意见：

首先，恋情的发展，最好是建立在融洽的同事关系之上，这就是良性爱情的社交基础，如果你本身和其他同事的关系很糟糕，那么谈起恋爱来自然会出现更多的不利因素。

第二，办公室恋情千万不要引起业务上的倒退，毕竟工作的基础是业务，如果业务做得好，主动权和话语权自然会向你倾斜，更积极地想——如果你恋爱之后的业绩反而提高了，那领导估计高兴还来不及呢……

　　第三，恋情的发展，还是尽量放在办公时间、办公场所之外，特别是在你权限还没那么高、地位还不够稳固的时候，办公室里并不是接待另一半的好地方，尽管你们可能在同一空间工作。

‹02›

好领导，也是凡人：机会是自己找来的

　　人的需求有层级，我们的工作也是有层级的。知道工作有层级，看上去很简单，但这其中的内涵远比你想象的要丰富。

　　上级，是职场新人最值得关注的角色。关注上级，是你在职场中站稳脚跟的第一步。这并非鼓励大家拍马屁，也不是诱导大家忽视自己的下级。因为一个企业的运行，指令永远是自上而下实施的，跟随这个逻辑出发，我们的心理"着眼点"也应当瞄准上级。而且，作为一个新人，哪来的下级呢？

　　作为下级，你必然会遇到这样闹心的事情：领导交办下来的事情，很不想去做，但又不知道怎么去处理。究竟该如何做呢？

请注意——好领导，也是凡人

"领导也是人"，这话听起来，总觉得像是在领导犯了什么错误之后，大家为其开脱所说的话。我们这里聊的，倒不是如何替领导找台阶下，或者如何原谅领导。

之所以说"你的领导也是凡人"，是想给所有职场新人告知一个基本事实：你的领导，并不是万能的。

没错，他们看待事物会有更高的层面；没错，他们比起新员工有更大的胸怀；没错，他们见过更多的场面，有过更多的阅历……

但是，他们依然是普通人。

也就是说，在工作中，你搞不定的问题，他们可能也搞不定；你烦心的事情，他们也可能烦心；你感到喜悦的事情，他们也可能会感到喜悦。而且，他们也没有千里眼、顺风耳，没有预料一切的能力。

古语云："一将无谋，累死千军。"领导对于整个团队工作的开展，起到了非常关键的作用。同时，领导的好与坏，也极大影响着职场新人的工作体验和成长路径。对于职场新人来说，那种对好领导的信任和依赖心理，会很自然而然地形成。因为领导有着更多的经验、更强大的能量。好的领导也会保护下属，耐心教授很多技能和思路，甚至在生活上也能给你带来诸多关怀。遇到这样的领导，那自然是一件值得庆幸的事情。

但是，很可能过了一段时间之后，作为新人的你也会发现，自己做出来的事情经常得不到领导的认可，很多事情会"反复施工"，将自己搞得很疲惫，而领导也不满意。

当你开始换位思考的时候，也能感受到领导的压力和"难"，原来领导并不是你想象中的那样无所不能，也许领导的生活，比你要辛苦很多。如是种种，会让你心中领导原本非常光明伟岸的形象，开始渐渐蒙上了一些其他色彩。

此时，你需要提醒自己一句：我的领导虽好，但也是凡人。

你身处一线所遭遇的事情，如果不是主动告知，领导也可能不清楚是怎么回事。所以，你在汇报工作的时候，要尽可能地给领导足够的信息。唯有如此，你的领导才能够给出最贴合实际的指导意见。也就是说，如果你给出的信息不足或者不准确，他们也可能做出不妥甚至错误的决策。你作为下属，需要像一个传感器一样，尽量传递充足而精确的信息，唯有如此，领导才能通过你的信息来思考和决策，良好的工作就有了开端。

能够"替领导分忧"，是职场新人站住脚跟的关键指标。很多富有上进心的年轻工作者，都在努力试图做到这一点。但是这句话说起来容易，行动起来却非常困难。作为新人，我们如何为领导分忧呢？这里给你送上"八字心法"：感同身受，力所能及。

换言之，如果你真的拥护或者心疼你的领导，那就请努力替他分担一些压力，减少一些负担。

‹03›

如何处理好办公室人际关系

　　说了很多领导和下属的事情，我更想来说说同事。我们在职场中，一开始首要的关注人物肯定是领导，但是更多时候，你是在和平级的同事相处。相对于面对领导的小心谨慎，一部分缺乏经验的职场菜鸟往往就会忽视了和同事在一起的时光。实际上，这些同事间的相处，非常值得关注。

给自己一个恶名来"护体"

很多人都希望自己在职场里有个很善良美好的形象，成为每个人都信赖、乐意交流的对象。很多时候，这种想法显得过于"新手"。

"恶名"，不但不会让你成为大家眼中的坏人，反而是你的一个保护伞，它不但可以帮你营造一些从容的空间，甚至能够帮你挡掉很多危机。

在实际的工作场景中，有时候我们也要展现出"暴力""狂躁"的一面，这并不是说要去伤害某个人，或者让自己成为一个完全不受控的不稳定因素，而是使用一些看似粗鲁笨拙的方法，去达成一些事情，同时也能给对方和自己人留下一个比较好的印象。

比如说你可以熬通宵去做一件事情，虽然事情的结果可能一般，但是你会获得大家对你很努力做事的肯定。再比如说，同样一件事，你去重复无数遍，总会有一遍是满意的结果，大力出奇迹嘛。这时候，你的恶名也许就是"不够聪明""喜欢拼蛮力"，但这份恶名，是不是有几分真诚和可爱？

再比如，如果你总是一副和和气气的样子，什么脾气也没有，固然大家会觉得你很温和、容易相处，但这也给了别有用心的人可乘之机。不要总是那么克制自己，真是遇到了该生气的时候，发怒一次又何妨？人如果只会做好好先生，最终的结果无非是"人善被人欺，马善被人骑"，所以说有时候，战马嘶鸣一次，偶现峥嵘未尝不可。

生活中，从来就不会有单纯的尊重。尊重是在相互的打磨中逐渐形成的。这就像冷暖空气一样，你往前进一步，他可能就会往后退一步，很多时候，旗鼓相当就是一种彼此的尊重。

一方面我们不可以对别人一味地服软求饶，因为过分地退让有可能会使对方得寸进尺。面对这种情况，我们一方面要观察——对方得寸进尺的症状有哪些。比如说，眼神、行为、思维方式。当他开始忽略你的利益、不在意你的人格时，就要拉响警报了。

另一方面，我们也要去适度的"进攻"，去试探，去为自己的自尊和自由，打出一片天地来。

带新人——当你也成了"老师傅"的时候

作为带新人，教技术是一个非常重要的环节，特别是当你的工作进入了一定的熟练度，有了一定的段位之后，面对指导新人的工作，就很可能遇到这类事情。当然了，自己会，不代表能把人教会。

自己会不会，和能不能把别人教会，是两回事。有个极端的例子：在我读研的时候，有一位其他学院的本科学妹前来请教我《物理化学》的内容（当时我的专业是化学），我回忆起自己本科阶段，《物理化学》这门课是非常挣扎的，在教授特别耐心教导而且还有所"心慈手软"的情况下，我也只是刚刚过及格线的水平。然而，在对学妹进行一个月左右的辅导后，她的成绩居然从不及格，一下子跃升到86分！这里面固然有她个人的努力，但我的教学方法，肯定也起到了较大的作用。

这件事强化了我教学的信心，也促使我研究和总结教学技法的各方面内容。而在咱们这一部分，看似是说职场心理，但主要的内核源自教育心理学。受过专业师范生训练的人都知道：心理学，是教育的基础学问。我至今还记得，《心理学基础》《教育心理学》这些课程是我们师范专业必须重点教授的课程。而且这一部分，也是调用心理学内容最多的部分。

"时间是最好的解药"，耐心可以应对很多你在带教过程中的困境。前面我们在讲到职场技能学习的时候，也曾多次提及，学习经验的积累和消化的一个过程，既然是个过程，就需要时间。很多时候，咱们教别人的时候，不妨回想一下自己学习时付出的汗水和遇到过的困境。固然，职场的教与学和学校里不一样，没有那么良好、专一的环境，也没有那么充裕的时间和条件。将心比心，给对方一些时间，或许比你着急上火找各种方法的效果都要好。

而所谓"实践"，就是要让对方有足够的亲自尝试的机会。老话说"纸上得来终觉浅，绝知此事要躬行"，说的就是亲自尝试的作用。在航空教学法中，我们要大量地给学员提供实践操作的机会，这背后的原则，就是著名心理学家桑代克提出的"练习律"。

在指导新人的过程中，首先要给他们提供充足的实践机会，随后还要有目的地指导其整个训练学习的过程。从心理活动层面来看，如果被你指导的新人学会了刺激与反应之间的联结，那么他练习和使用越多，学习效果就会越来越得到加强，反之会逐渐变弱。既然"刺激反应联结"的应用会增强这个联结的力量，那么我们就要让对方亲身受到这个刺激，也就是亲身体会的感觉了。

　　由于本书并不是专门阐述教育心理学的，那么也就不必用过多篇幅来说教学，就言简意赅地给几个小贴士吧：

　　·良好的人际关系，是培训质量的保障；

　　·教学开始前，需要展示出你的专业性；

　　·舒适的生理环境是快速学成基础；

　　·压力对培训本身毫无作用；

　　·设立具体目标；

　　·职场带教不是单纯上课，准备太多不如随机应变——对方的眼神和反应就是最好的教案；

　　·作为"老师傅"，你还得想好培训中意外情况的处理。

新来的同级别同事怎么对待？

接下来，我们说说一个很微妙的事情——办公室里来了同级别的新同事。

有新成员加入，总是会带来一些别样的感受，但是，和来了新领导、新下属不同的是，同级别新同事的加入，往往可以引起最为微妙的心理变化，折射到职场关系的变动也最复杂。

大家都是相同的级别，看上去谁也不领导谁，但你作为老员工，看到对方的身上的一些优于你的地方时，会不会吃醋？当你看到一个全新的角色加入进来，出于各方面的考虑要不要拉拢呢？说到这个话题，其实答案就没那么唯一了，这里我的建议只有三个字：搞团结。

没错，就是要搞团结，这种大巧若拙的处理方式看上去很笨，其实是最大的智慧。

不用太在意别人那里发生了什么

作为职场新人，我们常常会有一种怯生生的感觉，而且总是忍不住想要多观察、多打听各种自己尚不知晓的事情。这是一个很好的学习者心态。但是，在这个心态的作用下，很多时候"菜鸟"们会变得过于敏感。

之前我们已经拿领导开玩笑这个案例说明了聆听领导是多么的重要，但是，对于同级别的工作环境中，你大可不必如此敏感。人好比是一个高级复杂的机器，身上有很多的传感器，这些传感器在采集信息辅助决策的过程中，有时候也扮演着干扰器的角色。为了不让过多的信息冲击我们尚不发达的"处理器"，作为新人，我们更多的精力要放在本职工作和个人能力提升上，而办公室里发生的一些事情，如果和你关系不大，倒不如糊涂一把，让它过去就好了。

‹04›

距离感，才是职场相处之道

因为距离产生美，就这么简单。

热情的代价

我们常常说老实人难做，其实对比起来我倒是觉得，比老实人更容易受伤害的是热情的人。所以，做一个热情的人，你需要做好承担风险的思想准备，但是反过来说，做一个热情人，好处也是无穷的。

著名商人李嘉诚曾经说过：招待客人不能太热情。为

什么呢？因为"这人太热情了，实在不敢领教。""以后他
到我家去，我也要好好招待人家，可我没有那么好的手艺，
也没有经济实力呀！""夹这么多菜，如果都吃了，回去说
不定会消化不了的。"

　　那么，同事之间，在私交还没有到达一定程度的情况
下，保持适度的热情是很有必要的，过于热情，会适得其
反，毕竟，过分的热情会对别人形成一种无形的压力，让人
感到不安、不舒服。同时，过于热情也可能会让对方多多少
少产生依赖感（特别是对方也是职场新人的情况下），一旦
你某天不再那么热情的时候，情况可能就会比较糟糕了。

上司的"眼线"

　　虽然我们都希望可以独立开展工作，在大部分情况下
和上司保持一定的距离，以便自己可以在不那么紧张的环
境里完成自己手头的事情。但是，你的上司为了了解你的
情况，偶尔也会使用其他方式观察你，这种方式可以是委

派的某位"观察员"，也可能是电子设备，套用过去的说法是"眼线"。

其实这就是一种情报系统，因为没有人喜欢在毫不知情的情况下管理一个团队。所以，面对各种机器或者是人组成的眼线，你不必感到受监控或者不自在，只需要老老实实做好自己的事情就好。咱们之前也说过：不要对别人那里发生了什么过于敏感。同理，也不要太在意在别人那里看到了什么。过于关注"眼线"，或许短期内你会有特别好的表现，但长此以往，人会在自我压力中行为变形，就得不偿失了。

不给面子的"霸道总裁"

领导常常是有性格有脾气的，如果遇到了一个对你不给面子的"强人上司""霸道总裁"，应该怎么办？

如果上司只关注结果，那么你就应该给出结果。如果结果不理想，而你还要用过程来解释开脱，自然就难以获得好评。给出结果，而不是解释过程，就是面对霸道型上司的最好策略。

读书的时候，很多人会想：我学习那么用功，怎么还是没法考入顶尖的大学？

进入职场之后，自然也有很多人会想：为什么我每天加班工作，做了那么多事情，老板却还是不满意，还是不肯给我升职加薪？

我们先来问一个问题：有一个聋哑人想买牙刷，他到商店里向店主模仿刷牙的动作，成功地买到了牙刷。那么如果一个盲人想买太阳镜，他该怎么办呢？

答案是：盲人只需要张开嘴巴说出来就可以了，因为他不是哑巴。实话说，我在刚看到这个脑筋急转弯的时候，也被难住了。后来我觉得这个问题很有趣，我们很多人都被题目给的信息给迷惑了，这些迷惑信息大大干扰了我们对问题本身的思考。

同样的道理，在工作中，很多人也会被过程所迷惑，而不能够直截了当地去思考结果的重要性。但是别忘了，那些让你在校园和职场中困惑的问题，最终拼的还是结果，而不是那些让你五味杂陈的过程。高考，大学是依据你的高考成绩来决定是否录取你。职场，上司把一个任务交给你，是希望你能给他一个满意的成果，从而给公司带来效益。

电影《穿普拉达的女王》里，马琳达说："我对你无能的细节过程不感兴趣。"

职场中最怕的就是，你刚接到某个任务时，就开始在潜意识里策划一个"失败亦英雄"的过程。一旦你这样做了，就会在之后的行为中，频繁产生一种自我暗示：这事儿估计我是做不成，我的上司要是责备我怎么办？嗯，我把过程弄好看一点儿……

一旦有了这个想法，在之后的无数个微妙节点上，人的每次行为抉择，都会朝着"失败英雄"的方向发展，将会导致你在很多可以促进任务成功的环节上没有付出足够努力，却把大量精力花在了怎样保存面子和找借口上。

这是一开始就设定好了的失败。

别忘了，任务不等于结果。任务的核心是完成。如果你觉得只是例行公事，把该走的程序都走了，就可以完成差事，但完成"差事"不代表达成了上司的目标。"交差"

和"达成目标"二者之间，并没有绝对的充分必要关系，甚至有时候根本毫无关系。所以，当你面临一个有难度的任务时，请把你全部的精力放在"如何把事情做成"上面，而不是耍弄一些小聪明。因为小聪明终归是小聪明，它只能够说服你自己，却抵不过上司"用结果说话"的评价体系。如果你能把心思都聚焦在做事情本身上面，即便最终败了，亦不为耻。

电影《勇闯夺命岛》中有一句台词："输家总是在抱怨自己已经尽力，而赢家此时已经得到了选美皇后的垂青。"

隐私

既然说到了"距离产生美"，那么同事间的隐私问题就不得不谈。我常常说：涉及私密事，不知为大善——最好的保密者，其实是不知者。

如果在某些场合，你不得不需要别人的密码、获知别人的秘密，该怎么办呢？首先，涉密的问题，想三秒再问同事，你得组织好语言。第二，在打听这个隐私的时候，你应该首先摆出一个姿态——我平时不是这样的，这次是不得已。

说到隐私，我就想起一件事：之前一个同事因为旁边有人强行翻看了他的手机，和对方大吵了一次。有的人觉得大家都是这么熟了，看一下手机也无所谓，这种做法其实很不应该，这是人与人之间最基本的礼貌。我也会遇到这个情况，比如别人问我借手机借电脑之类的。即便对方礼貌地提出请求，我还是会觉得不适。

且不说我电脑里有没有小电影，如果东西在你手里用坏了怎么办？虽然硬件可以赔，可那些数据怎么办？你怎么赔？我又该怎么说呢？电子产品本来就比较脆弱，磕一下摔一下结果都难说的。虽然有做备份，但我也不可能天天备份，总归有个周期，去修怎么修？要花的时间谁来补偿，由此产生的麻烦谁来负责？

可能有人觉得"不就是看一下吗，能怎样""哎呀怎么那么小气"。恕我直言，凡事这么想的人，都没有做好万一出了意外进行补偿的准备。更何况，手机、电脑是高度涉及隐私的。这和成年不成年没关系，保护自我的隐私意识每个人都有，既然自己有隐私意识，那就不要侵犯别人的。

除非是公用或者办公设备，否则我是不会借手机、电脑的。就算是打电话，也是请别人亲自操作，我告知号码，请别人拨打。万不得已，也要主动在对方的视线之内使用。

我不希望别人来借我的手机和电脑——所以也请各位读者保护好你们同事的隐私。

‹05›

你不够优秀，认识谁都没用

时至今日，我依然坚持"人际关系无用论"。

网上搜索人际关系，看到的绝大部分是告诉你人际关系到底有多重要，如何经营和利用你的人际关系。

但凡我所认识的有能力、有头脑的人，不论男女，只要是享有所谓"人际关系资源"的，都没有过于投入精力去经营所谓的人际关系。很多人一定有这样的疑惑：他们疯了么？

认识这么多人，为什么不多花点时间经营人际关系呢？

人脉上需要维护，但并不是经营出来的。作为职场"小白"，我们"家底"还比较薄，很多时候看人际关系，会有所偏差。在我看来，刚入职场的新人刻意去追求人际关系有点本末倒置了，因为人际关系只能是锦上添花。

第六章

策略：如何管理个人战略

‹01›

猝不及防的"黑天鹅"

"黑天鹅事件"是个舶来词，它的英文全称是Black swan event，指非常难以预测、不寻常的事件，这些事件，通常会引发连锁负面反应，甚至导致破坏性的结果。

一般来说，"黑天鹅事件"是指满足以下三个特点的事件：

第一是具有意外性；第二是有重大影响；第三是虽然它挺意外，但人的本性促使你我在事后为它的发生编造理由，并且或多或少认为它是可解释和可预测的。

"黑天鹅"存在于各个领域，无论是在宏观经济、个人生活还是职场，都逃不过它的控制。而我们可以根据黑天鹅的情况，去推敲职场中意料之外事件的应激处置办法。

撤，也要撤出水平

有一次和一位朋友聊天，聊到她的第一份实习工作即将结束。

我特意叮嘱："离职前半个月，别忘了提前跟领导说一声，以便提前交接工作。"这句话，似乎给了她不小的提示。果不其然，几天后这位朋友就兴高采烈地告诉我，她的领导对这种预先告知的行为大加赞赏，很认可她的负责态度，不但很热情地一再挽留，还欢迎她随时回来工作。

实际上，我也听过不少管理岗位工作者的抱怨："最近的年轻人，说辞职就辞职，拍拍屁股就走人，留下一堆的烂摊子，都是我们自己来收拾，非常气人。"这种抱怨苦恼的语气里，流露出对"离职突袭"的不认可和愤怒。

管理者面对这两种情况的态度，可谓冰火两重天。

提前打个招呼竟然有这么大的能量？这事儿啊，说大不大，说小也不小。对于一段实习工作而言，良好的素养不仅表现在正常工作时期，还取决于你如何"画上句号"。

如果我们能够站在管理者的角度去想一下，事情就不难理解了。

首先，这种提早知会、有序交接的处事方法，可以给用人单位方面留足时间，使其能够合理地安排工作事宜。很多实习工作的时长是弹性化的，管理方对于实习者何时离开并无明确时间表。这个时候，"提前打招呼"就显得非常必要了。虽然不少实习单位都会提前约定好你的实习期限，但在约定到期之前早一点提醒对方，同样是有必要的。

离职，可不仅仅是"说完再见就离开"那么简单。对于管理者而言，这涉及大量的工作。对一个现代企业来说，一旦有实习员工离职，那么员工的档案就需要变动，对应的薪金税务等财务数据也需要结算，相关部门的工作时间表和任务安排都需要调整，办公席位和相关劳动物资还得重新分配，一些上传下达的工作同样需要进行……最关键的是，人力资源部门还大多需要及时招募到新的实习员工，来弥补工作上留下的空白。

　　如果离职者早早打好了招呼，事情就能有条不紊地开展，反之，就很可能会导致管理方巨大的工作压力和混乱的局面。所以说一旦什么招呼都不打就一走了之，无异于把"锅"全部甩给了管理者，就显得非常"不仗义"了。

　　如果考虑到这些方面，再想一想，你大概就能体会文章开头那些满怀抱怨的管理者为何如此头痛了。

　　同时，从实习者的角度来说，也能给自己争取主动。

　　对于大部分实习生而言，获取报酬并非是参加实习工作的唯一目的，获得一定的行业技能、拿到实习的评语或者推荐信也非常重要。考虑到部门行政机制和考察方的习惯，这些评价实习生"职场第一步"的文书，往往需要等几天才能够拿到。如果非要求对方在很短的时间里把这些东西都提供出来，不但显得不够礼貌，还可能把事情搞砸。所以说，把提醒的话说得早一点，你的诉求就能多一分保障，也就避免了自己离开前手忙脚乱，闹出一肚子委屈。

　　从长远角度来看，这种缜密妥当的处事态度，可以给对方留下良好的印象，为你的职业形象加分。世界有时很大，但有时也很小，如果将来机缘巧合再回到原单位，对方还会予以尽可能的热情接纳。俗话说："好事不出门，坏事传千里。"很多职业领域的人际圈子是很微妙的，如果你在原单位留下了良好的声誉，这份声誉就很可能被你下一个就职单位的人听到。

反之亦然，如果谁家单位出了什么奇葩员工的话，这些事儿也很可能很快传遍整个圈子。也有最极端的，用人单位会在特别愤怒的时候下达类似于"封杀令"的业内通告，到时候，闯了祸的求职者，可就难免四处碰壁了。与其靠着侥幸心理面对未来，何不早早把事情办完美呢？

离职前，要提前多久给领导"打招呼"呢？

其实，这个问题并没有很固定的答案，而是要取决于实际情况。如果说所在部门有相关离职制度，那自然是按照制度来执行；如果没有固定制度，不妨问问同事中比较资深的"过来人"，听听他们的建议。很多部门的运作以一周为一个单位，这种情况下，提前两周左右汇报，也是一个挺好的办法。总而言之，只要能让管理方感到满意，那就没问题。

不管是主动离开，还是被动出局，收尾工作都是很重要的。古语说得好:"靡不有初,鲜克有终。"这也正凸显出"善待结尾"的重要性。不论是如今参加实习也好,将来正式工作也罢,我们都应该做一个能够预先收尾的人,让工作经历善始善终。如此,不但让对方能够从容面对,也将给自己的职业生涯留下一份顺畅的体验。

‹02›

失误之后的危机处理

首先我想说明一点，比起学会处理危机，预防危机显然是更重要的事情。明白了这个总原则之后，我们才可以聊一聊怎么进行危机处理。

提到危机公关，我们首先想到的永远是如何面对媒体？如何面对领导？如何面对客户？但是很多人都忽略了一件事："出事"之后，我们应该如何面对自己。

没错儿，面对外界固然很重要，但你自己才是主体。

如何面对自己，如何保护自己，甚至于如何提升自己。这些基础决定了你处置的总体结果，才是最核心的问题。

‹03›

职场，不是工于心计，而是向上生长

　　这本书写起来还是比较顺利的，既没有复杂的环节设计，可能更多的工作量是在出版社的工作人员那里。既然说到了出版社，在这里我要对出版社的各位工作人员致以谢意——就像我们职场里必须要注意的尊重和礼貌一样，当我们无法独自完成一件事的时候，合作者的重要性就不言而喻了。这本书的出版和发行，离不开他们的合作支持，正是因为有了他们，这本书才能从我脑中纷繁复杂、不可描述的状态，最终变成逻辑清晰而又适宜各位读者阅读使用的实用工具书。

　　话又说回来，构造本书"肉体"的过程虽然短暂，但形成这本书"灵魂"的过程却是漫长的。这里有国内外众多杰出的心理学家所打下的坚实基础，还凝结着我在职场中长期的实践积累和思考，更有广大职场人在心理咨询中贡献出的实际案例为我们带来的启发。所以，这本书既不是一时之力，也不是一人之功，它的诞生和成长所汲取的养分，比纸面上所呈现出的东西要多得多。

当我们在谈论职场的时候，会有无数个具体的话题，其数量之大，远非一本书所能涵盖的。我之所以要在这里"认怂"，倒不是为了推卸责任，而是想把更大的舞台交给各位读者：职场里究竟会发生什么，你又从中经历了什么，他人的表述不管怎样长篇大论，总归是不能把自己的遭遇表述完全。因为只有我们自己，才是身处第一线的主人公。

所以，当你已经通过这本书，对职场心理有了基本的了解之后，我们希望各位读者能够从中获得足够的启发，能够靠着自己的智慧和力量，去解决职场中出现的各种各样的问题。其实也不仅仅是解决问题，更是去预防问题。

有限的套路，装不下无穷的生活。职场心理最终还是无招胜有招，职场心理只是一个有利的环境，但是唱起了主角，还是你这个人。

我们钻研职场心理的根本原因，不是为了工于心计，而是为了向上生长。

前几天在微博上看到一个段子：

就算你这些年一事无成，你也肯定已经是：拖延大师、妥协天才、咸鱼精英、对付专家、"无所谓"终身成就奖、"再说吧"专属代言人、减肥失败大中华区形象大使、"常年缺钱"非遗传统技艺指定继承人。

说实话，这段话的内容固然轻松戏谑，但却深深地唤起了我的忧虑。如果我们各位职场年轻工作者里，有一部分因为缺乏有效的引导和心理培训，最终一步步地坐实了这些"荣誉称号"，这对于无数个人生，以及其背后的无数个家庭来说，该是多么悲伤痛苦的一件事！

我不希望有任何一个人，成为这些称号的持有人。为了一个个更好的"我"，为了不被这个时代所抛弃和消灭，为了无数个值得期待的美好明天。